灵感是每天都在发生的，

它鼓励着我们继续前行。

——波德莱尔

书籍设计 Book
DESIGN

封面字体设计：朱志伟

主办｜中国出版协会装帧艺术工作委员会
编辑出版｜《书籍设计》编辑部
主编｜胡守文
副主编｜吕敬人
副主编｜万捷
编辑部主任｜符晓笛
执行编辑｜刘晓翔
责任编辑｜马惠敏
设计｜刘晓翔工作室
监制｜胡俊
印装｜北京雅昌彩色印刷有限公司
出版发行｜中国青年出版社
社址｜北京东四十二条21号　邮编｜100708
网址｜www.cyp.com.cn
编辑部地址｜北京市海淀区中关村南大街17号
韦伯时代中心C座603室　邮编｜100081
电话｜010-88578153　88578156　88578194
传真｜010-88578153
网址｜bookdesign.artron.net
E-mail｜xsw_88@126.com

图书在版编目（CIP）数据

书籍设计．第11辑／中国出版协会装帧艺术工作委员会编．-- 北京：中国青年出版社，2013.10
ISBN 978-7-5153-2007-6

Ⅰ．①书… Ⅱ．①中… Ⅲ．①书籍装帧－设计 Ⅳ．①TS881

中国版本图书馆 CIP 数据核字（2013）第254951号

定价：48.00元

书籍设计

11

Book
DESIGN

中国出版协会装帧艺术工作委员会 编

中国青年出版社

艺理论说

专题：“敬人纸语”书籍设计研究班第二期教师讲座

伊玛·布（荷兰）

在荷兰阿恩海姆 Beeldende Kunsten 学院、

荷兰恩斯赫德 AKI kunst en Industrie 学院、美国普维敦斯罗得州岛设计学院、

Jan van Eyck 设计学院、美国耶鲁大学、纽约美国平面设计研究院、

美国葛兰布鲁克艺术学院等任客座教授。

Boom 的感念书籍设计作品在当代书籍设计界享有很高声誉，

曾三次获得莱比锡“世界最美的书”金奖。

设计师应该作为“前卫”的角色

Irma Boom

伊玛·布（荷兰）

时间：2013 年 7 月 21~23 日

地点：北京 敬人纸语

编者按语

敬人书籍研究班第一期刚结束，我已瞄准当今国际书籍设计界重量级、世界一流的荷兰女设计家伊玛·布，希望请她来第二期研究班为中国的同行们讲课。我的同事李德庚老师曾与伊玛·布合作编辑设计出版了一本她的专辑，我请德庚先与她打声招呼，接着我工作室开始与她联系，太多回合的沟通，太久时间的等待。这位全世界做书的客户都在找她设计，全球几乎所有名校都邀请她去讲学的伊玛·布会来吗？是的，毋庸置疑，她就是来了，拖着一大箱子实实在在可触摸的书，她完全可以只带个 PPT 过来演示，她真是为了让大家感受书籍设计的魅力而来。3 天的课程，授课＋ workshop，每天与学员交流，最后的点评直至深夜 12 点钟。“就是过瘾，太过瘾了”，学员们直呼，带着恋恋不舍的心情。

伊玛·布的讲学态度足以感动大家，而她对书籍的理解、设计不是所谓表面的服务，应更注重对文本的看法和态度，融入自己的思想，还要坚持个性。伊玛·布设计的书里大量出现信息设计的概念包括图表展示，她认为书籍设计工作就是要把复杂的内容用一种非常清晰，非常简单，非常直观的方式传达给读者，这对于信息视觉化设计有很高的要求，要对编辑设计拥有强烈的愿望和自觉的意识。伊玛·布的设计非装帧所能涵盖，要明白在书籍委托方面前设计师应有主动出击和角色担当的意识，处理好文本与设计的主客逻辑关系，伺候是一种服务，超越更是一种服务，并得到各方满意的结果，她让每个人慢慢清晰起来。对于中国的设计师来说我们一直疑惑自己的作用和价值，因为没有足够的勇气否认我们只是作嫁衣者的身份，伊玛·布让我们懂得挑战装帧的重要性，包括挑战自我。

大家知道伊玛·布是在全世界演讲，听众最少也有几百人甚至数千人，而敬人书籍研究班只有寥寥 40 人，能近距离聆听，直面交流，所以我们很幸运。

以下将她授课的录音做一整理，因篇幅所限，在尽量保证理念的完整基础上，内容有所缩减，敬请谅解。

吕敬人

我是一名专业的书籍设计师，来自荷兰，在阿姆斯特丹有个很小很小的工作室，只有我和两名工作人员。对我来说如果要做书的话必须要在很小的空间里面，那样才能专注，然后花很多很多的时间来做好书。其实在大的公司也好，工作室也好，有很多人，这样做书需要一些流程和规则，但对我来说做书是没有规则可言的。实际上我是很享受也非常希望能单独工作的，这也是为什么我的工作室人很少的原因 。

现在我正在印一本我的展览画册，以从现在往前推的方式做作品的编辑介绍，就是 2013 年最新的一本书开始追溯到 1986 年我做的第一本书，书名叫“关于书的建筑”。前言部分是建筑家库哈斯的文章，文章里，库哈斯提到了关于书的发展是有一些不尽如人意的倒退。另外一篇是一位艺术家写的关于我创造书的过程。最后我自己写了一篇比较短的文字，我认为书是一定可以重获新生的。虽然现在的图书业面临非常大的压力，但是书一定有它能够延续的生命。现在所有的人都说书已经死掉了，我文章的最后，就写了这样一句话：好，书已经死掉了，但是图书万岁！就像在英国，国王去世的时候，大家都在高呼国王万岁一样。

在这本书的开始我就提到了我从来不愿意把找我做书的人称为客户，我称他们为委托人，我觉得这样就会是另外一种关系，首先在这种委托关系里面，双方应该是平等的，而且给我留有更多的自由空间，我是有创造余地的。

为阐明以上观点，我想先介绍《Sheila Hicks》，这是一本获得 2013 年“世界最美的书”金奖的书。书脊上的字是这本书著作者的名字，她是一位住在巴黎的美国女编织艺术家。

当时这位女艺术家在耶鲁大学上学，刚好我在那边教课，我第一次遇见她是在巴黎。这位女艺术家给了我一篇文章，我读后才明白为什么编织艺术对她来说这么重要。正因为这篇文章对该主题重要性的认知，所以我把这篇文章

《Sheila Hicks》

用很大的字放进版面，越往后翻，字会渐渐地变小。读过这篇文章后大家就会越来越感受到作品的重要所在。很有幸这位艺术家的作品被拍摄得非常精致，印刷也很到位，颜色很精准。

我就把这些作品，以一种最简单的平铺方式放在读者眼前。我很喜欢在书的边缘做文章，其实书里面编织品的边缘和书的边缘是一样的视觉效果。每一本书都有一个特别的主题，对我来说每一本书都是独一无二的 ，如果单独把这种边缘处理方法用到另外一本不是这个主题的书，就完全没有意义了。对我来说每一本书都是特定的，只为它的这个主题而存在。

这本书看上去似乎很简单，做起来却很困难。所有的出版商都不喜欢印一本纯白色的书，因为很容易脏！当时我也希望不仅仅是简简单单地把艺术家的作品展示出来，这本书本身也应该像它的作品一样非常非常有吸引力，看到的人会喜欢这本书，然后更加喜欢这本书里面的作品，从而去帮助这位艺术家的发展。

当时我就想，不能把艺术家的肖像放到封面上，这不是一个很好的做法，因为要突出的是作品，但是出版社坚持一定要把艺术家的肖像放到封面上，他们说如果不把肖像放到封面上，那就不要做这本书了。然后我就说 :“那就不做这本书了。”出版社说 :“你的客户怎么办？”我说 :“我没有客户，对我来说是委托人，不叫客户。”在这个问题上，我很强势，我一定要坚持我的做法，我也觉得应该坚持自己的观点不要退缩。

我认为出版社有一些传统上的做法很难突破，所以不能让出版社扮演前卫的角色，而设计师应该作为前卫的角色，来推动这种突破。

我把这位艺术家的作品放到了封底，而不是放到封面，这个跟出版社的想法很不一样。封面和封底凹凸的触感摸起来是一样的，其实封面和封底是一件作品，当摸上去的时候是可以感受到这件作品的质感。当时出版社还是不同意我的这个做法，我就说，那这书就不要做了，然后把这本书放到了箱子底下，我想可能以后这家出版社都不会再联系我了。

结果过了一段时间，这位艺术家在纽约要做展览，那家出版社就主动来找我，说 :“你觉得怎么样好就怎么做吧，我们支持你。”我想那家出版社一定恨透我了，以后也不会跟我再次合作了吧。我说没问题，那就做吧。反正也不想再跟这家出版社合作了，就这一次做完算了。

当时 4 位女人在世界 4 座不同的城市，艺术家、出版社、

《Sheila Hicks》

《Sheila Hicks》

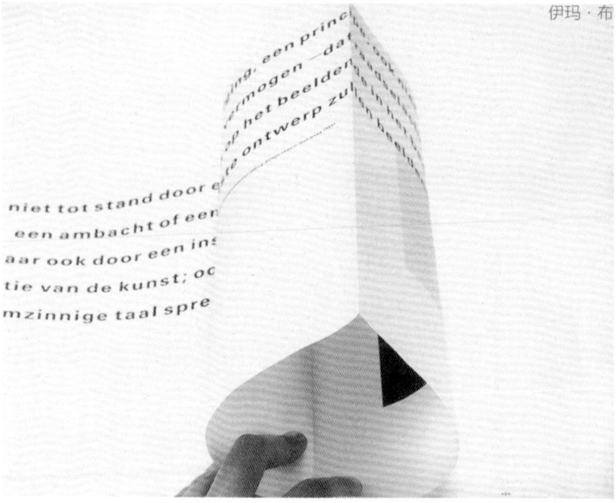

《荷兰邮票》/ 1987 / 1988 / 2 册

委托人，还有我，有在英国、有在巴黎、有在纽约，而我在阿姆斯特丹，我觉得整个过程就像是 4 个女人在打架。当时我们这 4 个都不开心的女人到最后都收获很大。像委托人由于她的工作成绩被升职了；艺术家呢，作品卖得非常非常的好；出版社那边也已经出到第四版了，销量也一直领先；我自己呢，这本书也被其他顶级的美术馆、图书馆收藏。所以最后每个人都很开心。然后跟这个出版社合作，并不是那一次就结束了，而现在还在继续。

这本书对我来说就像一个胜利的宣言一样。我觉得书做出来就应该是这种效果，因为大家都有收获，都是正面积极的好收获。当时非常简单的做法和不断的坚持，最后成就了这本书的成功。

一般来说，别人来委托我做书，总是不会给我很多内容或素材，而要我自己去别出心裁地寻找。可能大家比较看重我创造力的这部分，我就像一个总导演一样，要找摄影师，找作家，我要找所有的角色，安排在里面共同来完成这一项工作。

昨天我在来的时候看到外面摆了很多中国书，我有一个印象就是，大部分的书在封面上花了很多的心思，封面做得很新颖、很独特、很复杂，但似乎到了里边内页的部分就没有那么精彩了。我看到一些设计的书，从封面上来讲，一眼就能看到中国传统文化的元素，但是翻到里面却发现这种元素好像在淡化或者是消失了，我觉得可能在书里面的设计力度稍微弱了一些。我认为既然中国有这么悠久的传统文化历史，就应该在这种传统文化里面继续去发挥，更多去演化，把它往前推动。像风琴折一样，这可能就是过去中国古书的册页的阅读方式，那这种方式是否还有进一步发挥的可能呢？自然我们会在这方面还有更多的扩展空间。

今天我带来了很多本书，我是不喜欢用 PDF 来做展示的，因为看上去都是平面的，大家看到真实的书时感受是完全不一样的，所以我永远不希望做一本像 PDF 一样平平的书。

——————

第一本书想给大家讲的是，我最早给荷兰国家政府方面的印刷出版公司做的关于邮票发展历史的一本书（图《荷兰邮票》），在荷兰这种委托人跟被委托人的规则是非常发达的，也是一种发展了很多年的合作模式。

这本书是我 25 年前做的。自始至终我拥有这本书的版权。在这本书里面也提到了关于艺术作品版权的问题，这里面

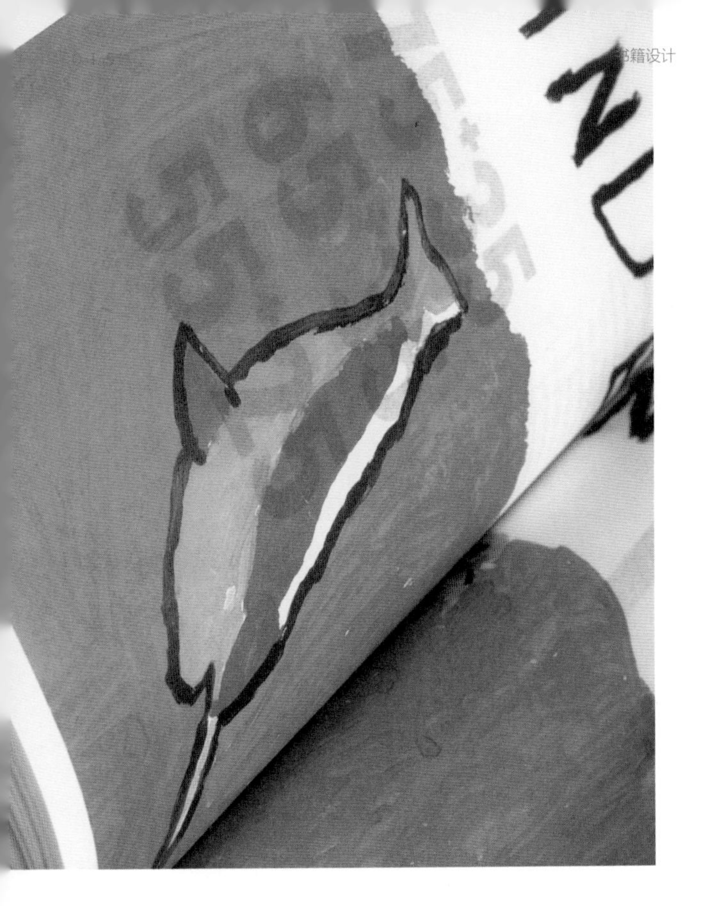

讲艺术品是被复制的，哪种是可以的，哪种是不可以的。这本书对我来讲意义重大，因为我第一次能够有图像选择的决定权，所有的资料都给到我，我可以一个人去做选择：可用不可用，怎么用。这是我第一次以这种独立的方式来对图像和文字加工和运作，尽管这些文字不是我自己来写的，是别人提供给我的。 这本书的前半部分是一篇很重要的论文，讲了邮票的历史背景，后半部分才开始真正去讲邮票和邮票设计。我从这一部分往后使用了比前面厚重一点的纸，有手工草稿的感觉。

当时电脑使用还不是很发达，很多地方是用不到电脑的。我以 1991 年作为一个分界，然后有一个说法是，1991 年以前是前电脑时代，1991 年以后是电脑时代。

25 年前我还是一个特别特别怕羞的小姑娘，但我做这本书时却非常具有革命性，也被很多人否定。比如说左页的图注排法，还有写出去到书的边缘的文字部分，当时来讲这种做法是不可能被允许的。 我之前曾是学艺术的，我在做书籍设计的时候，还是受到艺术作品和绘画的影响。我把整个文字作为一个方块，我没有放任何标点符号，边缘整整齐齐的文字没有被断掉，就像画的边缘一样。

当时还有一个细节就是，我把页码放到了筒子页的中间，看书的时候是看不到的，也很难找到页码的，所以当时读者们很生气，说这本书怎么是这个样子。我当时也不是太能理解为什么大家这么不高兴，我只是想尝试，挑战书籍设计的边界到底在哪里，为什么大家就这么不喜欢呢？在做这本书之前，我从来没有想到，居然一本书可以引起这么多的争议，书出版以后要么喜欢得不得了，不喜欢的简直恨得咬牙切齿，两个观点非常鲜明。

还有一个细节，比如页面上的一个装置图形，与隐约呈现的米开朗琪罗的大卫影子重叠，两件东西之间似乎是没有任何关联的，很出乎意料的，我在筒子页的里面印了人体摆成的字母。这里面是在讲字母演变的过程，那么大家读这本书的正面时就可以看到底下透出来的字母痕迹。

这本书印刷的时候成本很高，当时荷兰的官方对文化的支持力度很大，所以说尽管耗费极高，他们还是接受了这本书的成本。

当时做这本书有一系列挑战性的做法，所以当时是有一点点冒险的。虽然这本书做得最早，但也是我的最爱，因为现在的心态跟当年也不一样了。当时很年轻，没有任何的顾虑，想怎么做就怎么做，以后可能做不出这样的书了。我觉得年龄越大，顾虑就越多，可能做的书就没那么有意思了，所以还是天真的时候比较大胆。

《色彩》/ 2004

《伊玛·布》

从 1913 年以来，荷兰有一个传统，每年都会请一个设计师做一本书，用来展示荷兰印刷产业的发展。于是 2004 年我有了这本《色彩》，有关彩色印刷的书。翻这本书的时候需要把页边撕开，只有你撕开了以后，才可以看到这些颜色的条码。每一个颜色的边缘都可以撕开。当时几乎没有人明白这本书到底是干什么用的。其实如果读者用心看这本书的内容的话，就会发现打开第一页里面首先载有 80 位知名艺术家的作品，我选择艺术家的范围包含得很广，有像达明·赫斯特的当代艺术家，也有传统绘画家卡卡·拉齐奥等。然后我用他们的每一张名画，把其中的颜色全部在电脑里面单独抽离出来，编排成色条，它就是那幅画里面包含的所有的颜色，单色页是专门调出来的。

每一页撕起来都很方便，留下撕的印痕便呈现出五颜六色毛边的边缘，我很喜欢，手感非常之好。这也是挑战大家对书的认知意识，因为一般人们是不会去撕书的，每撕下来一条你还会更多去参与到这个行为中去。

当时这本书刚刚出来的时候，所有的人把书都给退回来了，没有人想要。但后来在网上做了介绍，突然间印的 8000 册书在两个月内全部都售光了。

有些项目最初可能看上去是一个很大的失败，但实际上最后是一个非常大的成功。我讲这个例子是想鼓励大家，如果你真心喜欢做一件东西或一本书的话，如果一开始并不被人接受，但你仍然坚持你想做的，最后可能就会被更多的人所接受。

——————

这本书是跟李德庚先生一起做的。我设计了一半，李先生设计了一半。我觉得有趣的是，用的材料基本是一样的，但是可以做出两本不同的书或两种不同的感觉。对于李先生来讲，可能他觉得这些书都很重要，强调手跟实物书之间的比例关系和每本书的结构。他会用不同的角度来摆这些书，然而我从来都不会这样做。但我也觉得很有趣，可

《Ferrari》

《伊玛·布》

《Ferrari》

以看到另外一位设计师是怎么样来看我的书。李先生另外一种做法就是把书的细节放大，我从来不会用这种方式，所以我觉得我们两人的工作对比很有趣。我一般在展示书的时候，会笔直平放，可以看到书的全貌，而李先生还会解释这个包背装，然后专门放个细节在上面说明是怎么一回事，而我是不会解释书的细节的，这刚好是一个补充。对于我来讲是用另外一个视角看自己的书，原来还有这样的看法。我通常的摆放方法是把书的照片正着放，然后就可以看到书的全貌。书的另一半由我做，当时我们各拿 10 本书，李先生那边拿了 10 本书。我是把书等比例地缩小，笔直水平摆放。

由于两个人展示书的角度不同，大家可以从这两个半本读出同一个设计师作品的不同展示结果，这两种方式我很喜欢。

—————

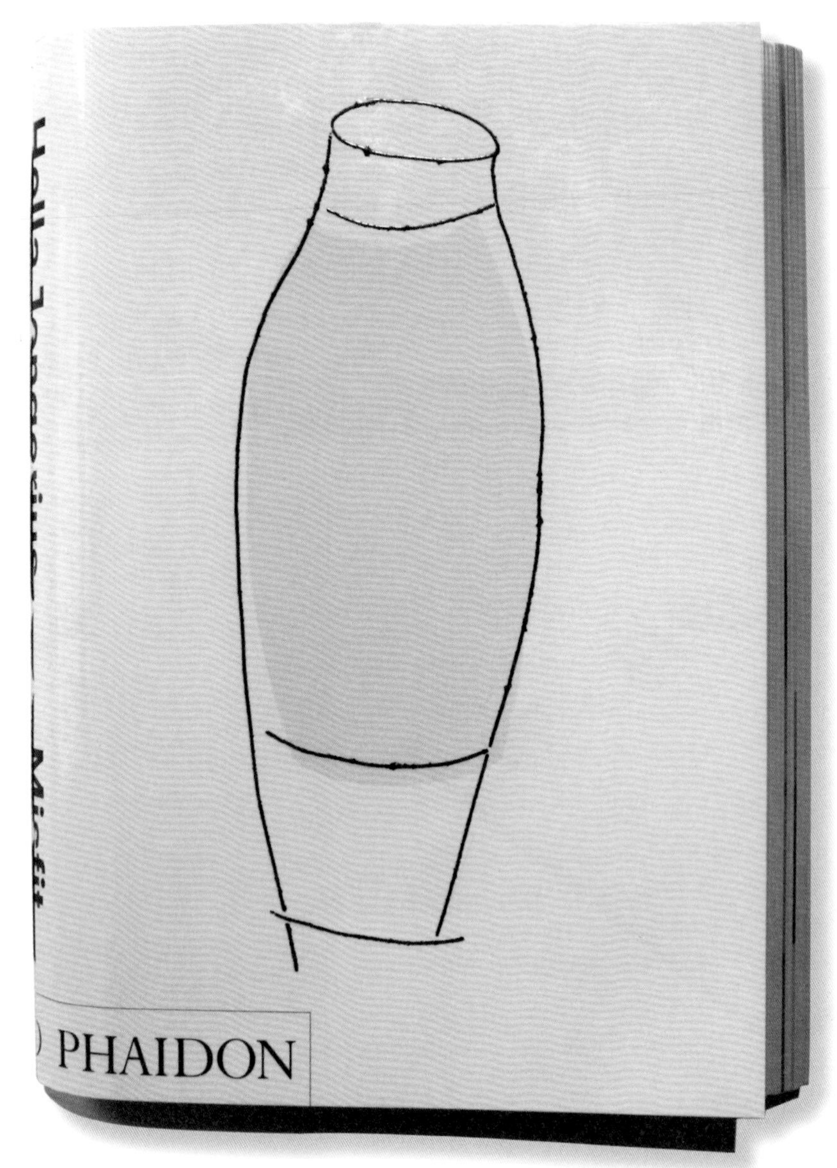

《PHAIDON》

我是一个车迷，很喜欢车，自己买了三辆车。我从意大利度假回来，邮箱里堆了一大堆邮件，我看到法拉利发来的邮件。在荷兰法拉利车的名声不太好，大家都觉得它跟贩毒、毒品有关，如果在荷兰看到有人开了辆法拉利跑在街上，就会觉得开车人肯定刚从红灯区出来，所以我以为那个邮件是垃圾邮件，但是因为我喜欢车，还是忍不住看了一眼。

实际上那个邮件是法拉利的赛车公司给我发的，是邀请我一起合作做一本书。当时我觉得这很诧异、很滑稽。为什么一个意大利的跑车品牌会请一位荷兰的女设计师帮它设计一本书呢。我的男友也是个车迷，说总部在意大利，是一个纯意大利的品牌。但我还是等了好几周，觉得应该等一等看。最后还是给他们打了电话，他们说马上飞过来，第二天我就飞往意大利。

去前我就问他们，谁来接机。对方说：“你不用看，只需听就知道了。”果然我一出机场，就听到法拉利跑车引擎的轰鸣声，我一下子就明白是法拉利的人来接我了。当时开车的司机只会讲两个英文词，一个是“快”一个是“慢”，他问我开快还是慢，我说法拉利跑车，那就快开吧。一路开得飞快了，到了法拉利的工厂，我所看到的一切都很喜欢，所以我就下定决心说，不管让我做什么样的书我都会做的。

当时我做的是有关法拉利发动机的书。当时法拉利没有给我任何做书的素材，必须要我自己去找，我只好到网上做引擎方面的搜索，幸运地在意大利遇到一位 80 多岁的老人，这位老人很熟悉引擎方面的细节，就帮我完成了这本书的内容。这本书也是我比较喜欢的一本，虽然封面不算理想，但是里面我很喜欢。

书做完后，他们跟我讲：“我们可以付你钱，或者给你一辆法拉利，你觉得怎么样？”我回答当然是法拉利！但是当时我有一个顾虑，因为法拉利修起来实在太贵了，换一个轮子，那简直就是天价，促使我放弃了这个想法。

－－－－－

《PHAIDON》是我做的一本新书，是给一位产品设计师做的。这个产品设计师本人的风格是很直接、很简约的。所以我也希望这本书同样很简洁，同时也用了很简单的黑线装订方式。我以颜色为逻辑线索，然后把这本书的内容组织起来。从白色到一点点的浅色，然后逐渐递增。文字页的用纸跟印图用纸是不一样的，随着不断地往下翻，会发现颜色在逐渐地变化和增多。

这位设计师之前曾做过图录，都是按时间线索来做，比如

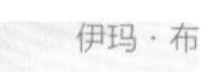

《Otto Treumann 作品集》/ 1999 / 2000

早期的作品、中期的作品、晚期的作品，从来没有以色彩变化的线索来构造这本书，对我来说，很重要的是控制颜色变化的节奏，从一种颜色过渡到另外一种颜色是需要很平缓自然的，不能唐突和死板。

在书的中间部分，是以作品的时间发展过程为轴，以小图为一个索引。这本书的后半部分的颜色基本上都是深色的，红蓝等色。对我来讲，不是我来设计这本书，而是这本书自己在设计自己，因为它这种颜色变化的规律似乎可以自然地往前走，好像在指引着我一样。我觉得最棒的是，这位设计师通过我的这本书，更加喜欢上了自己的作品，这个对于我来说也是一种很开心的收获。

这位产品设计师最有代表性的作品是做了 300 种不同颜色的瓶子。我在封面瓶子图形上用了多种颜色透明的粘贴，这样读者也可以自己设计瓶子了，想用什么颜色就用什么颜色来粘贴，而且还可以几个颜色叠加在一起，对于这位产品设计师来讲，这个细节很重要，因为她一直希望自己的产品能够跟使用者有所互动（这本书的封面上“P”开头的单词，是英国一个很大型的费顿出版社的名字，费顿出版社有勇气出版这样的书不一般，因为很多传统的出版社是不敢出这种很有艺术气质的书的）。

—————

《Otto Treumann 作品集》一书是我给一位同行做的，对我来说是一个非常困难的项目。

当时出版这本书的初衷是希望老一代的设计师跟新一代的设计师能够一起做一本书。这位设计师 50 年前开始做设计，我是 25 年前开始做书，做到现在，已经比那位老设计师做的书多得多，那时候荷兰设计的缓慢与今天相比不可同日而语。我把这位老设计师的作品全部缩小放到封面上。作为缩略图，越往内页翻，作品的图片就会一点一点放大，最后你就会看到作品的局部和细节。因为这位老设

计师的作品有一个特点，就是他总喜欢重复作品里面的一些元素，所以我在这本书里也使用了这种方式。当时我觉得这本书里面的文字特别差，所以我把这个文字做成了像注释一样，降低了文字的视觉度，当然作者不太高兴我这样做，我就跟他讲："那你就应该写得更好一点呀。"当然那位作者没有重写。我在做这本书的时候，也没有按照时间的线索编辑，而是重新创造了一个关于这些作品的故事，是以我的逻辑来做的。

其中有一对页的左侧放的是当时在设计界最为重要的一些人物照片，在右页，我放了一个纪念碑，感觉这是一个有纪念性意义的历史时刻，当然纪念碑的这张照片也是这本书设计师的作品，在这本书里有出现他的作品的那页，在带有小色带的边缘上我都放有号码的索引。 另一跨页右面的是荷兰设计史上最为重要的设计师，一位白发老人，左页是英国的一名年轻设计师。当时这本书出来时，很多人质疑我这种做法，说："你要做一个设计师作品的图集，作为作品集，应该把他的作品放到最大，你凭什么把两个

《52°5' N5°8' E10.30 21031941 N°835》/ 1999 / 2000

《Frits》

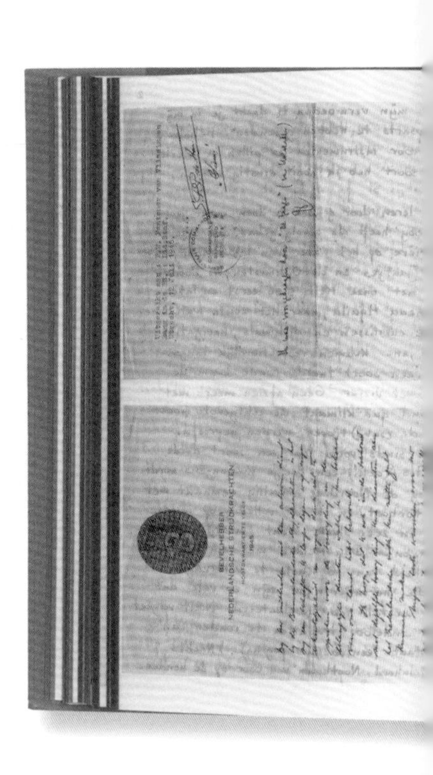

人游泳的这张照片做成跨页呢？岂有此理！”他们不满我的这个做法，但是我知道这张照片的意义，所以坚持我的想法。

我在放作品的时候，设计了淡淡的网格，这位设计师很喜欢用网格的形式，他穿的衣服居然也是网格状的，所以我用图的用意是有联系的。

当时书出版后，没有被广泛接受，评论很多，如用图的方式。这本书的设计师并不是很喜欢此书，他最不喜欢的是放大细节看局部的处理，他说细节不能代表他的作品，细节不是他的作品，它只是一个部分。我就说："作为一名设计师，我是从你的作品细节中得到很多灵感的。其实很多的设计师也是同样，他们非常喜欢你的作品局部。”但是那位设计师还是不喜欢我的这种做法。至今过去12年了，这本书才渐渐得到更多的好评，所以设计价值的体现是需要一个时间段的沉淀的。

—————

《52°5' N5°8' E10.30 21031941 N°835》，当时跟这本书的委托人在一起共同讨论和工作了很长的时间，一直到这个人去世，我们在一起共事了大概有16年。这本书做的时候是为了庆祝他50岁的生日。

我不想刻意表现50这个数字，所以在封面上用白色的小字写的生日的日期。当时我的选图也是跟他生日的数字是相关的，比如说，左面的素描会选多少张，跟他的出生日期的数字是相关的，右面的照片选了多少幅，也是跟这个数字相关的。我很多的书是没有页码的，当时做这本书的时候有一个概念，是要表达变化，一个人随着年龄也在变化。

这位委托人讲，他的偶像是麦当娜，随时随地都在哼她的歌，他觉得麦当娜是那个时代的女神，所以作为一个惊喜，我在这本书里放了一张麦当娜的照片，他都没有想到会突然出现一张麦当娜的照片。

这本书的用纸是咖啡滤纸，印刷起来非常困难，本来滤咖啡的纸不是用来印刷的，印厂花了很多工夫。当时这本书

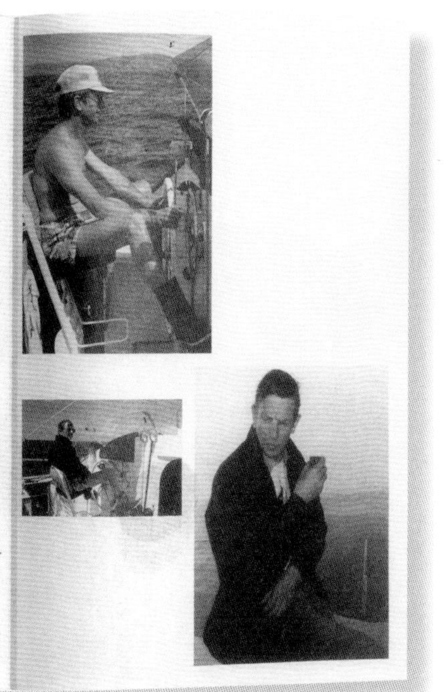

只印了 314 册，印量不多，所以可以印得很精心，自从做了这本书以后，我每年都跟这位委托人做一本书。

— — — — —

《Frits》是一位女儿为荷兰工业巨头的父亲 Frits 做的一本书。女儿负责收集到珍贵的图片、信件等资料。我觉得这些信件的内容特别无聊。当时我想，这么乏味的内容，我怎么才能让它变为一本有趣的书呢？ 于是我把不喜欢的信件的部分放在了折页里面，不是一打开就能看见的，外面对我来讲才是我的设计的部分。 当时我是用了一种非常薄的几乎半透明的纸，当大家在翻书的时候可以隐隐约约地看到折在里面信件文字的部分，一般来说，纸透印说明纸质不好，但是在这本书里面变成了优势，所以它是很富有诗意的。

最后 Frits 先生非常非常喜欢这本书，甚至爱上了这本书，对我所有的做法都表示满意。Frits 先生很热衷于航海，把很多时间都花在航海上。在这本书的边缘，包括在封面上，我选了 10 种不同的蓝色，像海水的颜色一样，边缘的 10 种蓝色跟封面的 10 种蓝色是一致的。

— — — — —

— — — — —

《SHV 思考之书 1996–1896》现在是一本关于一个荷兰跨国贸易公司百年历史的书。 扉页一句"学而不思则罔，思而不学则殆"是公司董事长办公室墙上挂的条幅。我于 1991 年开始做这本书，跟我一起做这本书的一个同伴是一名艺术史学家，这本书有 2000 多页，我跟我的合作者一起做了 5 年半，书重 3.5 千克。

做这本书前我的体重当时只有 60 千克，为了做这本书长了 30 多千克体重，我简直不敢相信。我的另一位合作者，刚开始做书时还有头发，做完这本书头发都掉光了。在这本书这么多的内容里面，只有这一页有写到我和我的同伴

《SHV 思考之书 1996—1896》

对于创造这本书的理念和概念。整本书是按时间的线索来排序的，里面用的字体都非常简单，易读的字体，没有用任何的艺术化的表现手法。我觉得应该是很容易读，很容易找到想要的历史资料。

这本书还有一个特点，就是没有必要从第一页读到最后一页，打开其中任何一页，就可以读那一部分，它是可以单独成立的。这本书在每一个部分都会出现一个问题，我觉得提出一个，回答这个问题是一个有趣的过程，这些问题都是用比较大的字母印在书上，稍稍有点哲学意味。比如说：人是否可以超越他的思维以外去思考。也可能是很简单的问题：如果你穿上新袜子的话会不会感觉更好。

我从一开始接手这个项目的时候就清楚这个项目的深度跟广度，我预料到可能要做到 5 年甚至更久，当时我们找了无数的素材，我们认为这些素材足可以撑起 5000 页的书的内容，而当我们在日本找到极薄极薄的纸可以实现这么多页码的书，但这个需要量的用纸日本要做 14 年才做得出来，所以我只好把 5000 多页改成了 2000 多页，这本书也是在荷兰印刷工艺所能允许的最大限度，它是 11 厘米厚，不能再比这个更厚了。

在书口边上可以看到荷兰国花郁金香，书快要结束的部分有荷兰的一首诗，是关于讨论未来的一首诗。

这本书封面上并没有放书的标题，其实标题是隐藏在书里面的。书中没有页码，故书中 8 根红色的丝带分割了书的 8 个部分，就是告诉你这 8 个部分是从哪里开始，都有什么样的题目，这是关于思想的一本书。

—————

—————

《inside，outside》这本是关于景观建筑师的书。他的工作室的名字就叫“inside，outside”，当把切口用不同的角度来翻转的时候就可以看到内部，外部是这两个英文单词。这位建筑师的作品里面经常会有各种洞出现，所以我也用了洞的元素，这些洞也起到了体现内部、外部关系的作用。比如说在内部看到的是窗帘，外部看到的则是花园、景观等。这本书里每一页都是以一页是内部，另一页是外部的顺序做的。每个模切出来的洞，遍布书的各个角落，而且还不一定在什么地方，所以打开这本书的时候就会有种探索感，下一步不知道能看到什么。这本书也是我的最爱之一。

—————

THE UNDERSIGNED

Hendrik Adriaan van Beuningen, merchant residing at Utrecht, [illegible] merchant residing at Bonn on the Rhine and Frederik Hendrik Fentener van Vlissingen, merchant residing at Utrecht, acting in their capacity as representatives of the Administrative Council of the Steenkolen-Handelsvereeniging, a limited liability company established at Utrecht (hereinafter referred to as 'Steenkolen-Handelsvereeniging' and as such representing the company at law and otherwise in accordance with article nine of its articles of association, hereinafter referred to as the party of the first part,

and Jacob Rosier Dutilh, merchant residing at Westersingel, Rotterdam, hereinafter referred to as the party of the second part, hereby declare that they have entered into the following agreement:

ARTICLE 1

On the first of April nineteen hundred and two in connection with his new appointment referred to in article three, the contracting party, Mr. Dutilh, shall cease operating his coal business in Rotterdam under the name of 'Jacq. R. Dutilh' and give up and transfer everything connected with the business, including all contracts to deliver and take receipt of consignments of articles which have been agreed at the time, in so far as such contracts have been concluded with the approval of the Steenkolen-Handelsvereeniging, which agrees to these provisions.

ARTICLE 2

The items referred to in article one which are to be given up and transferred consist of everything belonging to the company of the contracting party Mr. Dutilh, including lighters and warehouses with the coal they contain, buildings, offices, tools, office furniture and in general everything which contributes towards the business of the company, in return for payment of the value of the items which is to be determined by one or more experts selected by the parties in consultation with one another.

《inside，outside》

《elwertew》是一本关于美术馆的书，封面下面一行字是我设计的美术馆 Logo，Logo 看上去简单到不能再简单。

当时我在做这个 Logo 的时候，因为所有的人都特别介意这个 Logo 中间空格的部分，即第四个字母“S”后面的空格，所以当时就变成了一个新闻，居然引起了这样的轩然大波，在所有的电视、报纸的头条都发布了这个事情，说：怎么可能在 Logo 的名字中间出现一个不应该出现的空格。 当时所有的人认为这是在国家美术馆 Logo 里面出现的一个错误。当时我的工作室门口总是有电视台的记者等着，只要我一出来就问我这个 Logo 是怎么回事，我的回答非常简单：“我就是设计了一个 Logo，它就是一个 Logo，我是一个艺术家，艺术家是有创作自由的。”就这么简单。

后来荷兰一个美院的教授站出来在媒体上专门写了一篇文章来解释说，从美学的角度，它为什么要这样放了一个空格。但实际上我放这个空格道理非常非常简单，因为全世界只有荷兰语里面会出现“I”“J”两个字母并列的这样的方式，这种发音只有荷兰人发得出来，其他国家的人怎么学都学不了那个发音，但是对我来讲“Museum”这个词很多人认识，任何人都能发得出来，发出来的音也很准确，但是前面的这个，很难发音的这个词，对我来说更多是一个图像，而不是文字。最后我的这个方法还是奏效了，而且这个 Logo 被应用于国家美术馆所有的视觉的标识系统里面。

—————

这本书（图《elwertew》）的标题是在书的边缘上，是德文的，意思是要改变你的价值。由苏黎世的一个设计博物馆来委托，要求我做 140 页，但我想到这个设计博物馆馆藏很丰富，海报就有 300 万张，我感觉那这本书看起来也应该是非常有分量、有内容的一本书，我决定让这本书的内容跨度包括所有的馆藏。

《elwertew》

这本书是由图像组成的，在左右页分别有不同效果图片交错重叠的。我更多的是在视觉的角度来放这些图，这样的话，不受藏品的题材限制，不按分类，我只遵循它的视觉原则，把所有题材的东西都撮合在了一起。

开始提这个想法，美术馆的董事会不太喜欢我的这个方案，因为美术馆要我做 140 页的书，我却做了 800 多页。当时开董事会，每个人都忧愁万分：“哦，我的天哪！怎么办啊，这本书怎么搞呢？”结果这位馆长来了，他听完我的思路，说：“我们就这么做，而且是马上做。”他认为这本书可以代表美术馆的精品馆藏，并能与其他设计美术馆相媲美。但是，有一个条件就是只能付我 140 页的设计费，而不是 800 多页的设计费，很糟糕，但是我还是同意了。

我花了一年的时间去找所有我认为合适的图像放在这本书里面。当你翻这本书的时候很有趣味，有往下翻的冲动，正因为我做了这本书，所以后来洛杉矶和其他地方的两家美术馆都来找我，因而我的这个收入还是补偿回来了。

—————

除了做大书，我也常做微型书，这些小书不仅仅是为我自己做的，我做的其他的大书都可以做成这种微型书。《BOOM》是展览的画册，里面有我做过的每一个作品，还有一些自己的文字描述，字很小，我做过调研，大学图书馆里面有真正的微型书，跟那个比，我这个还不算是微型书，这只是一本小书。

大家已经习惯在 iphone 或者 ipad 上面放大浏览，可以看得更清楚，但是如果大家不是习惯于做放大动作的话，会发现这本书里面的字并不是那么小，是可以看清楚的。

（图《BOOM》）是特别特别小的书，也是我特别喜欢的一本书，而且小的模型做得极其精致，封面是硬壳的精

Every
Thing
Design
The Collections of the
Museum für Gestaltung Zürich
Living design history: 700 objects—design, graphics, posters, and applied arts—drawn from the celebrated collections of the Museum für Gestaltung Zürich, superbly illustrated, accompanied by unconventional background texts, and strikingly assembled in an 864-page volume designed by Irma Boom.
Museum für Gestaltung Zürich
Every Thing Design
HATJE CANTZ

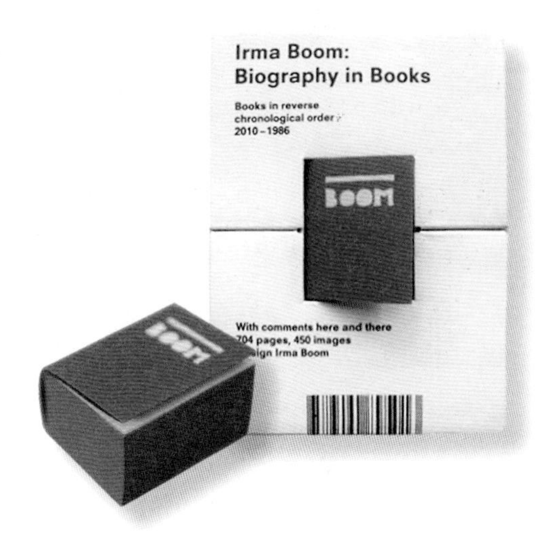

装，包括里面每一个细节做得跟大书是一样的，包括印刷的颜色。一本（图《BOOM》）要用放大镜来看书上的内容。为什么要做这么小的书呢？因为书做得越小，就越能明白手工的重要性。这本书用的是铅字印刷，是在阿姆斯特丹做的。封面还压了金箔，都是很精细的。对我来讲，做一本大书比做一本小书容易得多，小的书最能够考验一个人做书的本领，如果你能把一本小书做得如此精致的话，那大书就不会有问题了。

书籍设计是一个完整的工程，我会关注每一个程序。每一本书我都会提前做很多个样本，让这个样本最大限度地接近最后成品的样子。我觉得我是一个控制狂，超级有控制欲的人。首先我对印刷和装订的细节，就是这个技术性的环节本身是非常清楚的。每一个部分会发生什么事情，每一步印刷和装订的现场我都得必须在场。我觉得印刷跟装订必须要做到完美，不能有任何瑕疵。如果这本书出来不好，大部分人会认为那一定是设计得不好，而不是印刷得不好。

讲了那么多的书例，我也有失败的案例，但我认为失败的最重要的原因往往是委托人的原因，如果委托人不给我足够的信任，那这本书最后肯定以失败告终。

这次受邀来敬人书籍设计研究班，对于我来说最有意思的是见同行，见到设计师们，大家可以交流。我是一个求知欲很强的人，我觉得必须是有我可学的才会去一个地方。遇到同行最大的好处就是大家可以相互学习，相互交流，我觉得同行可以给我带来灵感，我又可以把我得到的灵感以我的方式再反馈给我的同行，这就是我的兴趣所在。

谢谢大家。

L'inspiration
est décidément
la soeur du
travail journalier.
Charles Baudelaire

Jingren's Paperlogue

艺理论说

专题："敬人纸语"书籍设计研究班第二期教师讲座选

速泰熙

原任江苏文艺出版社美编室主任

现任南京艺术学院硕士生导师、中国美术家协会会员

中国书籍装帧艺术研究会会员

1986 年起专业从事书籍设计

作品多次获全国书籍装帧艺术展金、银奖，最佳设计奖，

政府出版奖提名奖，全国美展铜奖等奖项

论文曾获全国书籍装帧艺术展金、银奖，最佳论文奖等奖项

书籍设计作品 8 度获"中国最美的书"奖

1999 年被评为"建国 50 年来产生影响的十位装帧家"

2010 年获"南京文化名人"称号

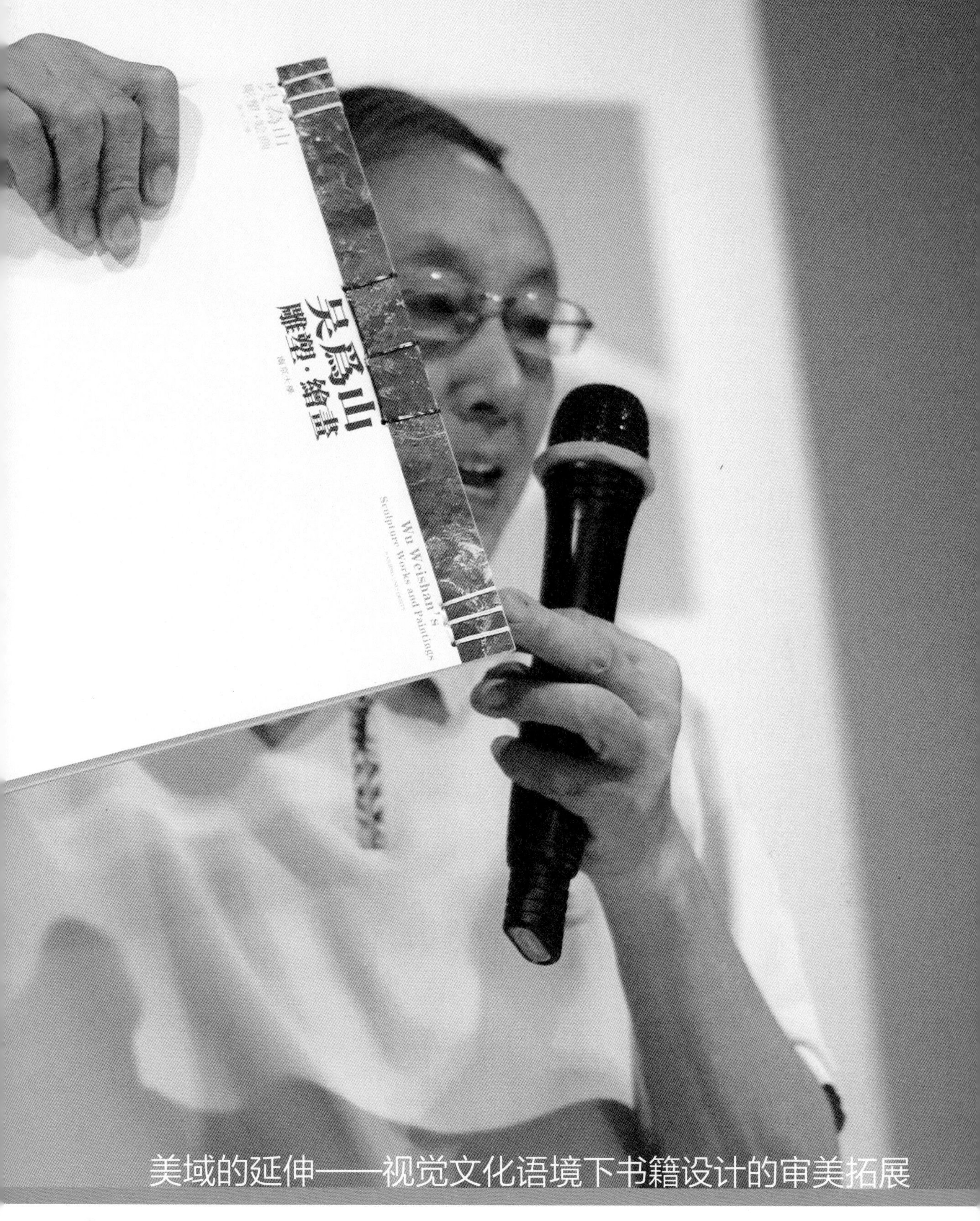

美域的延伸——视觉文化语境下书籍设计的审美拓展

Su Taixi

速泰熙

时间：2013 年 7 月 21~23 日

地点：北京 敬人纸语

编者按语

视觉文化时代，“世界被把握为图像”，图像成为文化主体。视觉文化的特征和本质就是“将存在图像化或视觉化”。视觉化不是简单地图形化，只有美的形式才是高质量的视觉图像，才能赢得大众喜爱。视觉化的核心首先在于形式之美。

美是有生命的，她会繁衍、生长，也会衰老，甚至死亡。陈旧的“美”会平庸过时，新的美更能打动受众，受到欢迎。美必须“新陈代谢”。视觉化不仅要美，还要新的美，美的疆域必须不断拓展，这表现了美的无限生命活力。

美的拓展有赖于其拓展之道，审美拓展之道对创造“新美”有重要意义。本文总结归纳出“由被审美忽视之地变为审美新域”“由纯实用的非美之地变为美的新地”等审美拓展的十种途径。

视觉文化时代，外部形式受到前所未有的关注。
书籍形式美的拓展，大大提升了书的视觉质量。形形色色、丰富多彩的书籍美成为书的重要内容，成为读者爱书的又一理由。在十分关注形式的视觉文化时代，优秀书籍设计已然成为书的第二文化主体。

书籍设计的任务就是创造书的美的形式——从内到外的形态——但这个形式必须巧妙传达文本内涵精神，表现设计的创意，形式的创造和内涵表现合二为一。中国汉字中，“美”含有“善”的意思。美、善二字均有“羊”字头（中国古文中“羊”即“祥”），体现了形式和内涵相互依存的观念。拓展出的美不仅是“有意味的形式”，也是“有意蕴的形式”“有品位的形式”。中国设计师应当追求形式美的中国精神。

小小的书却在“造型”中吞下整个宇宙，
表现了造型的“灵”的力量。

——杉浦康平

一、视觉文化时代图像成为文化主体

周宪在《视觉文化的转向》一书的开篇，引用了德国哲学家海德格尔的论断：“世界被把握为图像了。”这“标志着现代之本质”。

人类把握世界、传递信息的主要方式从口头语言到文字语言，再到现代的图像语言（也就是视觉语言）。图像语言成为现代社会把握世界、传递信息的一个特质。

现代社会高速运转，信息爆炸，生活节奏加快，信息传播者和接受者都需要更加简明快捷、更加吸引眼球的信息传递方式。现代社会物质文明高度发展，很多产品实用功能基本满足，于是精神追求、心理追求就更加受到关注。这些都催生了现代图像语言（视觉语言）的高度发展。

视觉文化的特征和本质就是“将存在加以图像化或视觉化”。“当代文化的各个层面越来越倾向于高度的视觉化。可视性和视觉理解及其解释已成为当代文化生产、传播和接受活动的重要维度。”

书中阐述了视觉文化的当代发展趋势——一种令从事视觉传达的人兴奋的发展趋势。

（一）视觉文化的当代发展趋势

视觉文化的当代发展趋势有以下四点：

1. 视觉性成为文化主因

当代文化的高度视觉化，体现在对视觉效果的普遍诉求上。放眼我们生活，形形色色的视觉图像无处不在：景观、建筑、室内、家具、灯饰、衣饰、广告、书籍、杂志、标志、电影、电视、网络、游戏……都以视觉图像的形式出现。但凡与视觉有关的，无不在美化，无不在创造一种全新的、极为引人注目的视觉形式，凡此种种都为“视觉成为文化主因”做了充分的诠释。我们用以表征、理解和解释世界的方式越来越呈现出图像化或视觉化的趋势。当代文化是一种高度的视觉化，一种普遍的视觉化，是对原来非视觉化领域的一种视觉化“殖民”。

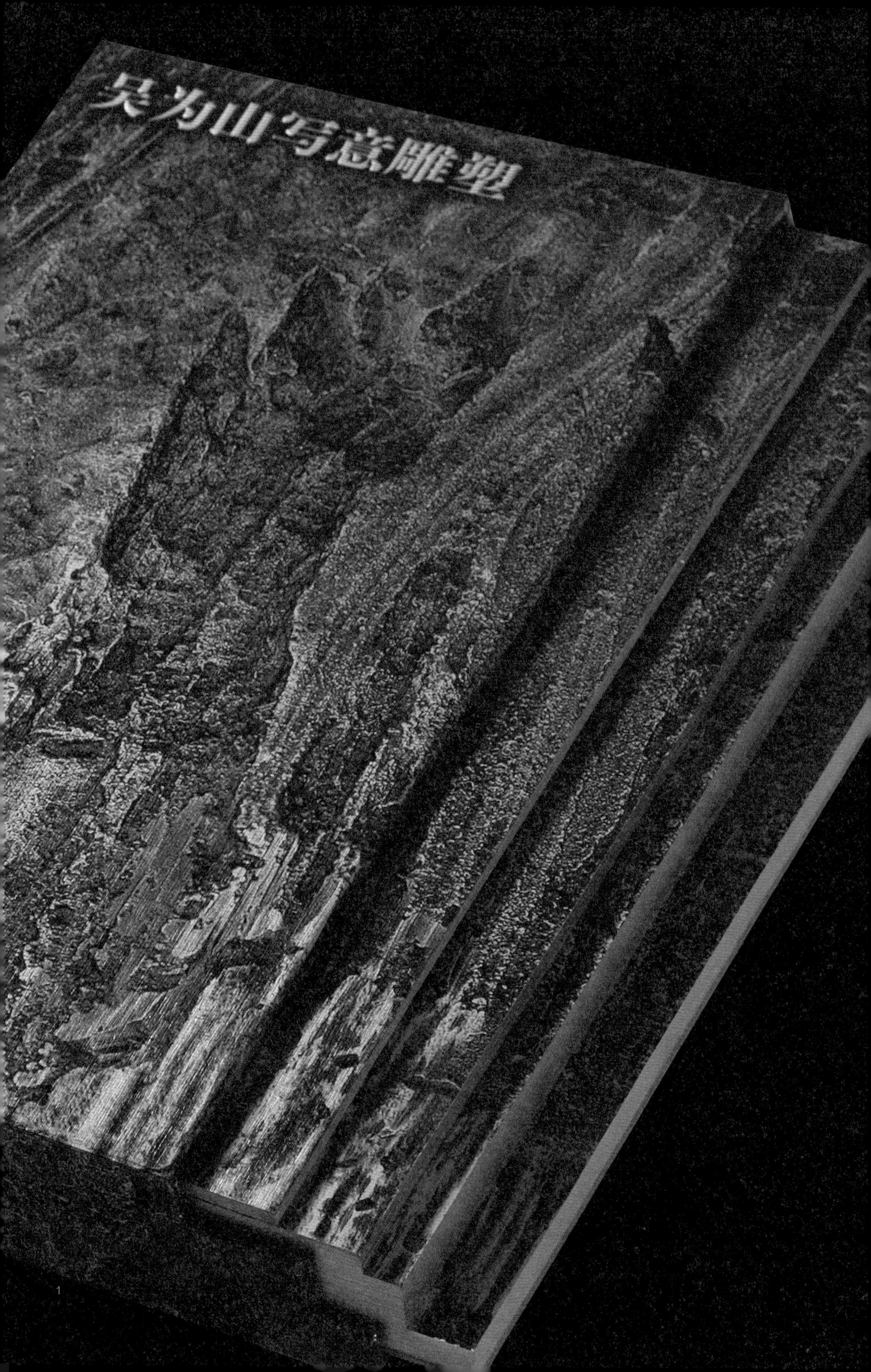

1

速泰熙书籍设计作品

1.《吴为山写意雕塑》

2. 图像压倒文字

以前描述世界主要靠文字，文字是传递信息、把握世界的主角。在视觉文化时代，图像成了“主角”，过去的主角——文字则成了配角。我们这个时代被称为“读图时代”。不是说文字不存在、不重要了，而是失去了往昔的“霸主”地位。图像更有吸引力和诱惑力，从宏观视角来看，更具明显优势。

3. 对外观的极度关注

过去人们普遍关注事物的是内在品质，较少关注外部形态。没有哪个时代像今天如此关注外形。我们生活世界的外观受到人们越来越苛刻的视觉欲求。所谓“苛求”，是说对外部形象的高标准要求。可视的图像、事物的外部形象都有高、低、优、劣之分。只有高水平的、美的形象才会受到人们更多的关注和喜爱。世界已进入“眼球经济”时代。现代消费不单是对产品实用功能的消费，也是对产品外观形象美的消费，对外观美的消费有越来越强的趋势，我们已进入了“审美消费时代”。

对外观形式的空前高度关注，不仅表现在外观美化的产品，更衍生出“外观视觉愉悦”的价值观，这是推动外观美塑造的强大的社会推动力。在这个“外观视觉愉悦”价值观的推动下，人们对美的欲望不断增强；从设计师的创造而言，更是探索新的、富有创意的美的形式。设计的美域拓展，就是创新的、不曾见过的、具有实用功能的美的形式。

4. 视觉技术的进步

为了满足人们可视性要求与视觉快感欲望的不断攀升，新的视觉花样层出不穷，这有赖于现代视觉技术的飞速进步。以数字技术为核心的高科技，令视觉技术的发展一日千里。数码电影、电视的制作、放映，数码广告的呈现、数码摄影、扫描、电脑制作、数码打印、喷绘、写真、制版、印刷……数字技术让视觉生产的制作速度超过往日千百倍，而提供的视觉可能性则几乎无限，视觉效果令人目不暇接、瞠目结舌。互联网使图像传播变得极为便捷。新材料、新工艺、新技术为我们的实体生活增添了无限的视觉之美。

我们从以上分析已清楚地看出，在视觉文化时代，图像已成为文化主体。但视觉文化的发展“并不依赖于图像本身，而是依赖于将存在图像化或视觉化的现代发展趋向”。正是这个发展趋势，让未来视觉文化更发达。

速泰熙书籍设计作品

2.《都市地理小丛书》

（二）视觉文化的核心之一是视觉之美及其拓展之道

视觉文化的特征和本质是“将存在图像化或视觉化”，但视觉化不是简单的图像化。图像化产生的视觉图像，有的美，有的不美，甚至丑陋，其视觉化的效果就非常不同。只有美才能带来高质量的视觉图像和视觉效果，才能带给大众更多的审美愉悦和精神满足，“图像化或视觉化”的核心在“美”。

美是什么？“美的当代意义是越来越强调外部形象的愉悦”。这同英国美学家克莱夫·贝尔的看法颇为相似：“在各种不同的作品中，线、色以某种特殊的方式组成了某种形式或者形式之间的关系，从而激起了我们的审美感情，这种线、色的关系与组合，这些审美的动人之形式，我想称之为‘有意味的形式’。所谓‘有意味的形式’，便是一切视觉艺术共同的性质。”

按照贝尔的说法，视觉美就是“有意味的形式”，就是线、色这些造型元素的动人（能激发审美热情）组合。它只是一种形式自身的美，同这种形式表达的内容无关。

的确，视觉美首先必须是“有意味的形式”。这种“有意味的形式”能成为我们独立欣赏的对象，特别是在纯艺术中是如此。但在视觉传达领域中，还不止于此，不止于与内容无关的单纯形式。美的形式还必须和视觉传达的创意相结合，为内容的传达服务，这一点在下面的文章中将进一步论述。

美是有生命的，她会繁衍、生长，但也会衰老，甚至死亡。原先动人的美会变成不美。美的过多重复会造成审美疲劳，变得平庸过时。新颖的、富有创意的美才更能受到人们的欢迎和喜爱。因此“美”必须“新”。必须不断地淘汰陈旧过时的美，创造新颖别致的美，才能保证“图像化或视觉化”的高水平、高效果。美必须不断地“新陈代谢”。美必须不断地拓展，这体现了美的强大的生命力，这是视觉化的必然。它以视觉为主，也延伸到触觉、听觉，甚至嗅觉、味觉。

美的拓展有赖于其拓展之道。探索研究审美拓展之道对新美的创造有着非同寻常的重要意义。本文试图通过对过去美的拓展的成功范例加以研究分析、归纳总结找到。

（三）视觉文化时代书籍设计成为书的第二文化主体

书籍设计就是设计书（从封面到正文内页）的“外形式”，让原本“无形”的文稿变成可视的、美的、“有形的”书，同时传达文本的内涵精神。书籍设计就是将书视觉化、图

2

像化、美化的艺术。在“视觉性成为文化主因”“图像压倒文字”“极度关注外观”的视觉文化时代，书籍设计迎来了春天。

过去看书，只关注本文内容，“书籍装帧”往往被视为一种装饰，也未受到足够重视。好比食物，过去只关注食物的营养，至于对食物的外形和口感美味则不太在意。而现在，食物的味美、形美成了高品质生活的标准。于是“食物”变成了“美食”。同样道理，灯具变成了“灯饰”，服装变成了“服饰”。美成了人们追逐的对象。在视觉文化时代这个异常关注外观审美的今天，书籍设计的视觉美有了巨大的进步，受到读者越来越多的关注。如今人们读书，不止读文本内容，也读设计的形式。书籍之美更是受到读者关爱，优秀的设计受到追捧，获得设计奖的图书发行量能翻几番。人们为书籍美而购书的越来越多。现在已经出现纯粹从设计美的角度的藏书家。很多作家和出版社对自己书的“相貌”也极为在意，因为它关乎书的品位和自己的形象，甚至销售量。

优秀的书籍设计不仅为书提供了美的外形，它还借助这个外形，准确地传达文本的精神、内涵。这个美的外形除了给读者带来视觉愉悦，更给书带来“高品位”“高品质”的精神价值，体现了作者、出版社、读者的高品位，当然，也体现了设计者的品位。书的形式美成为书的价值的又一个重要组成部分，书籍设计因此成为书的又一文化主体。一般情况下，都是先有内容（文本），内容是第一性的，我们把书的内容（文本）称为书的第一文化主体；书的形式（书籍设计产物）产生在后，形式是第二性的，称为书的第二文化主体。通常可以简单地说：书籍设计是书的第二文化主体。

诚如杉浦康平先生所言：“书并不大，但是不应该把书看成是掌中静止的物体，而应看成是在运动、排斥、流动、膨胀、充满活动的容器……小小的书却在‘造型’中吞下整个宇宙，表现了造型的‘灵’的力量。”书籍视觉之美是有生命、有灵性的，必然要吐故纳新。书籍设计必须“吞下”世上种种可以利用、借鉴的观念、方法、材料、技术，让书籍的形式美不断地更新，让书的形式美的领域不断拓展。因此，书籍设计的审美拓展成为书籍设计的核心内容。

二、书籍设计审美拓展的十种途径

书籍设计的审美拓展这些年来进步很快。世界上很多优秀设计师都积极尝试探索，创作出许多令人惊叹的从未见过

吕敬人《黑与白》　袁银昌《锦绣文章》
速泰熙《靖江方言词典》
速泰熙《吴为山写意雕塑》　赵清《世界地下交通》
朱赢椿《不裁》　吴勇《第七届全国书籍设计艺术展 / 优秀作品集》

的书的视觉形式，大大丰富了书的内外形态和表现力。一些佳作真正成了“微型建筑”和“纸的雕塑”。当代很多著名的书籍设计家，例如荷兰的伊玛・布、日本的松田行正等，他们的作品都是对传统老式书籍形态的超越，为当代书籍设计开辟出一片新的天地。中国大陆书籍设计也有了长足的进步，特别是近 10 年来创作出许多富有新意的杰出作品，使书籍的审美疆域不断拓展，令世人刮目相看，受到各方好评。本文主要以中国大陆的书籍设计为例，研究归纳出书的审美拓展的十种途径。

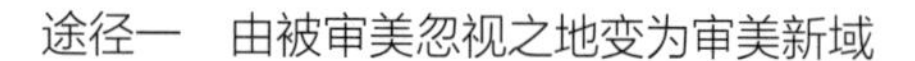

途径一　由被审美忽视之地变为审美新域

100 多年前，不论东方西方，书的封面一般都只出现书名文字，没有视觉化的图形。

大约在 30 年以前，一般书只设计封面，很多人都称“书籍装帧”为“封面设计”。那时封底，甚至书脊都不设计，更不必说扉页和正文了。正文版式只是由文字编辑按常规标明各级标题和正文文字的字体字号，每页多少行，每行多少字而已。也就是说，除封面以外，封底、书脊、扉页、正文……都是被审美遗忘的角落。进入 20 世纪 80 年代中期，书脊、封底、扉页渐渐纳入设计的视野。到 20 世纪 90 年代，正文的设计也开始了，当时全国书籍装帧

速泰熙书籍设计作品
3.4.《靖江印象》

艺术展览还特设了“整体设计”奖，鼓励对全书的整体设计，全书各个页面开始进入了设计的范畴，设计美也由封面延伸到封底、书脊、扉页、正文，直至全书。书籍美的疆域得到很快拓展。至此，全书的每一页都成为设计美的领地，似乎已经没有被遗忘与忽视之处。但居然有极敏锐的设计家又发现了新的拓展空间。

1. 切口设计

以往，三面书口一直是“天经地义”不需要设计的地方，是“公认”的被审美遗忘的角落，现在被设计美眷顾，很多设计师都踏入了切口这块审美处女地，他们都以自己的方式耕耘开发，产生了形形色色的切口之美。

（1）“编织”切口图案

吕敬人《黑与白》，是我知道的中国书籍设计最早的切口设计作品。三面书口当时出人意料地呈现黑白相间的图案。这是先把图案分解成几百份，按照一定规律印刷在书页靠近切口的地方，“编织”成所需的图案，表达了书的主题精神，更把书口开拓成审美新地，带来观念的新启示。

袁银昌《锦绣文章》把色彩和精细图形带到切口，三面切口被饰以华贵绚丽的彩色织锦纹样，进一步强化了画册主题的审美表现，提升整本书的审美价值。

4

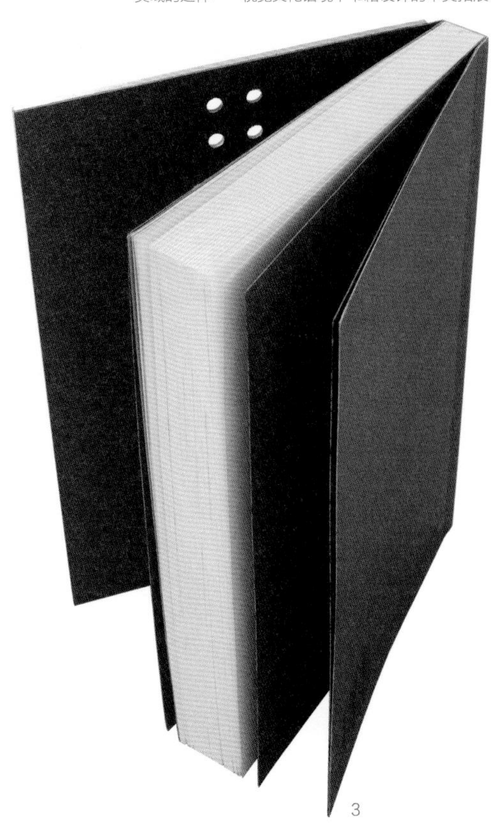
3

（2）直接在切口印图案

此前书口图形的出现，是依靠正文每个页面贴近切口的地方印上不同的经过设计的图形，“编织”而成，图形其实并不真正印在切口（纸的侧面）上。后来又出现了用特种方法直接印在书口上，不必在每个页面切口边缘印上相应的图形，每个页面都显得比较单纯。

速泰熙《靖江方言词典》尝试的是用中国线装书“敲书根字”的“移印法”，直接印在书口上。

（3）切口立体化

书口设计不单有印刷图形的设计手法，还有做成立体的效果，丰富了书口的视觉美，增加了书的立体感和视觉张力。

速泰熙《吴为山写意雕塑》从其雕塑细部特征出发，把书籍设计成“刀砍斧劈”的效果，整本书好似从雕塑上切下来的一块，既诠释了“写意雕塑”的特质，又让书呈现强烈的视觉张力。

赵清《世界地下交通》书顶的“台阶”引导读者走进地下世界，其独具特色的形态令表现力大增。

（4）切口毛边化

切口一般都是平整光滑的，现代设计借鉴过去毛边书的形式，使书籍呈现出毛糙的、新颖的外部质感，而实现的方法则是利用现代机械。

朱赢椿《不裁》借用了过去“毛边书”的形式，让读者一边裁切，一边阅读。裁纸刀是书中提供的，比较钝，使裁后的书口呈现自然的毛边，在众多的“光边书”中脱颖

速泰熙书籍设计作品

5.6.《吴为山雕塑 · 绘画》

5

而出。

吴勇《第七届全国书籍设计艺术展 / 优秀作品集》由两本书组成，分别把书顶、书根及外切口用机器铣出特别的肌理，增添了不一般的工艺之美。

2. 筒子页背面设计

中式“筒子页”现在也被混搭到西式的装订方式中。它的背面一直被认为是不必设计的地方，因为它被折叠在里面，不掀起筒子页，一般无法看到。现在这个被审美忽视的角落也被设计师看中，印上与主题相关的底色或图形。

赵清《混设计》，书中有不少筒子页的背面都印上了图形或文字，利用薄纸的透映性质，在正面可以看到被“减网”的朦胧效果，别有新意。

3. 书脊背面设计

书脊的背面以前无人设计，因为书脊背面都是和书芯的脊粘贴在一起的，无法看到。现在有新的书芯与封底黏合方式，书芯的脊背与硬封背面不粘贴，书脊背面露了出来，可以作为设计美的涉猎之地。

速泰熙《政协风格》就是用上述方法，设计了书脊背面，封面打开以后，会有一些新意。

途径二　由纯实用的非美之地变为美的新地

书籍中的一些实用部分，以前纯粹是为书的装订等实用目的服务的，同审美并无关系。现代设计已让它们成为审美表现的新的疆域，给书带来不曾见过的新美感。

1. 装订线设计

中式线装的装订线以前只是为了把一页页散开的书页按一定顺序装订成一本书，一直是丝线或棉线按四眼或六眼的从书口延伸到书根，侧面缠绕住“书脊”，可谓千篇一律，没有审美的考虑。现在打眼的位置可以按设计师的要求，使装订线形成十分个性的形式，而线的质感、色彩都可以根据文本气质韵味重新设定，让这块从不介入审美的地域成为审美的新地，增加了书的审美情趣和表现力。

何明《印象 · 环东 · 贰捌》线装方式非常前卫、新颖，装订线不仅没有缠绕书顶、书根，也没有缠绕书脊。打孔的位置也极特别，使装订线形成非常新异的图案，极丰富又新颖个性。

朱赢椿《光阴》的装订线不是传统手式装订线的变异，而是“绣”在书脊的边缘上，从未见过，很是奇特。四色装订线在书脊的边缘，象征四季，增添鲜活的审美趣味。

速泰熙《吴为山雕塑 · 绘画》，中式装订线分成三组，同书名的三种文字（中、英、日）相应，中间一组采用紫铜线，与“雕塑”的铜质相应，两侧用丝线，与“绘画”相应。本书采用向上翻的方式，使三组装订线恰好形成三个吴为山的“山”字。

2. 文字设计

过去书籍中文字是单纯传达信息的符号，是纯实用的，没有人把书中铅字当作艺术品。当时人们并不要求赋予它们审美功能。在现代视觉文化语境下，这些原先与审美无关的文字被用各种各样的方式艺术化处理，产生了千姿百态的“文字图形”，既加强了对文本的表现力，又给读者提供了新的审美享受。

吕敬人《敬人书籍设计》是我所见过的最早大量使用文字设计的书。封面是典型的代表。左边两个空心黑方块是作者姓氏——“吕”字，其右边细线画的书页和它们组成两本书，点出了“书籍设计”特质。左下方一组文字形成了一个细长的灰色块，同上面两个黑方块相映成趣，同时让封面留出巨大空白，“敬人”二字是一个文字组合，它们不着油墨，全用击凸工艺压出，令封面非常淡雅高逸，又透出现代气息。正文中也有大量的文字设计，形成许多富有现代审美意趣又表现了文本特质的“文字图形”，平添了许多视觉享受，也强化了对文本的表现，非常耐人寻味。

韩济平的《藏书家》书名三个字只用黑色印出三个字的上部偏旁部首“艹，⺈，宀”其余部分用击凸构成，颇有抽

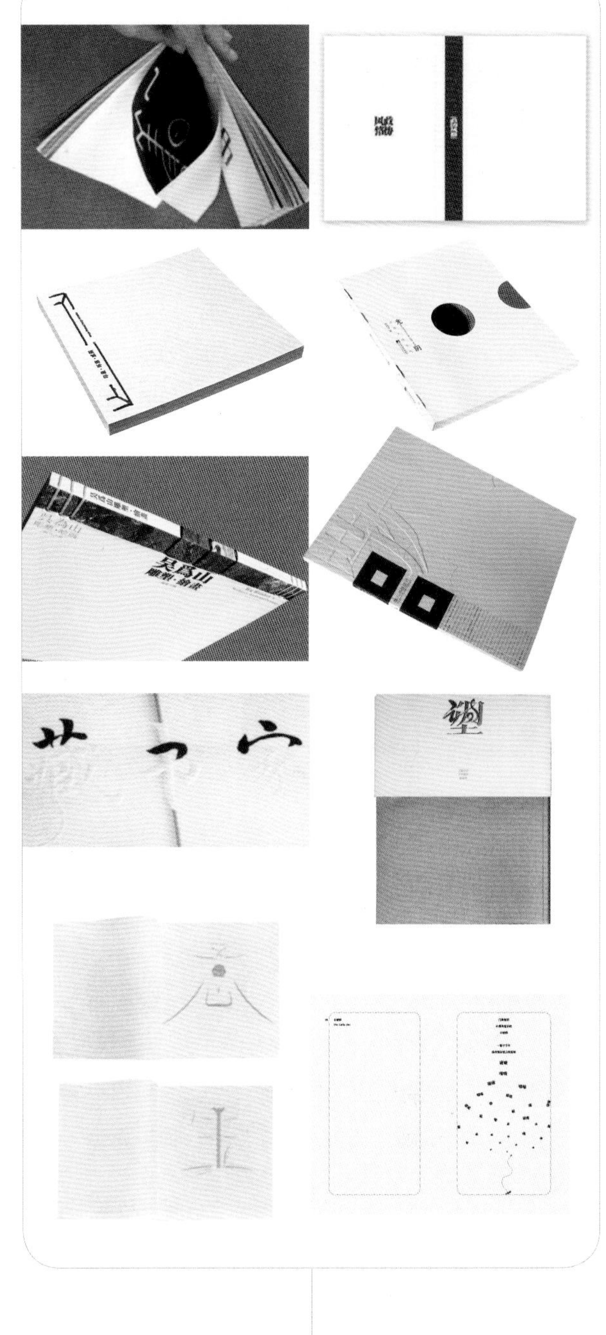

赵清《混设计》 速泰熙《政协风格》
何明《印象 · 环东 · 贰捌》 朱赢椿《光阴》
速泰熙《吴为山雕塑 · 绘画》 吕敬人《敬人书籍设计》
韩济平《藏书家》 速泰熙《雕塑的诗性》
小马哥 + 橙子《意象死生》 朱赢椿《设计诗》

6

速泰熙书籍设计作品

7.《吴为山雕塑 · 绘画》

象的现代意味，令人耳目一新。

速泰熙《雕塑的诗性》，封面上方的“雕”“诗”合体字，由紫铜色击凸的仿雕版字“雕”的局部和水墨草书“诗”字组合而成，既是雕塑的“雕”，又是诗性的“诗”。紫铜的质感和击凸效果体现了雕塑，水墨草书体现了中国的诗意，表现了主题。两种不同的字体，质感的结合带来新异的视觉效果。

小马哥 + 橙子《意象死生》的文字设计，将图形与字体设计相结合，营造出一种唯美而又诡异的艺术意境，渲染烘托书的氛围，提升了书的品位，为读者提供了阅读的艺术享受。

朱赢椿《设计诗》，根据各首诗的特点将文字字体字号变化，排列组合，用不同方式形成极丰富视觉趣味的“设计诗”，极富个性，引人注目，创造出一种别样的设计美。

3. 由装订方式的变化带来新的书籍形态美

装订方式以前只属于实用部分，与审美无关。现在则成为书籍造型表现的重要手段，创造出形形色色的未曾见过的书籍形态，拓展了书籍之美。

（1）装订方式的混搭

传统书一般只有一种装订方式。不同形态装订方式的混搭能产生意想不到的视觉效果。

吕敬人的《书戏》一书，封面封底上各缝上一本薄薄的小

吕敬人《书戏》 吴勇《无尽的航程》

刘晓翔《王羲之与兰亭序》 刘晓翔《离骚》

韩济平《逍遥游》 张达利《SGDA 深圳平面设计协会十周年作品集》

符晓笛《孔子》

韩济平《施本铭——众生相》 吕旻 + 杨婧《剪纸的故事》

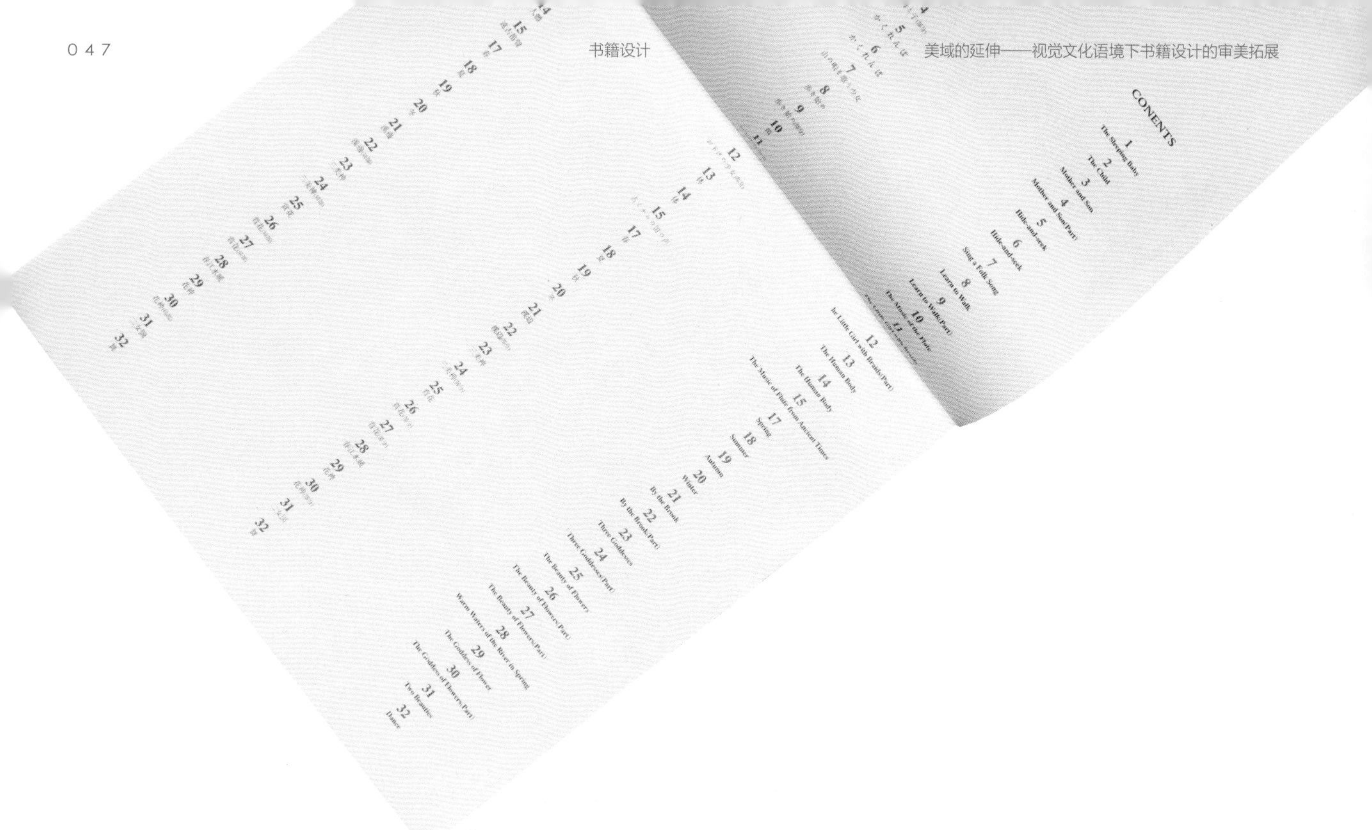

7

书，与书的“母体”部分等高，宽度只有一半，产生了一种前所未见的新鲜感，增添了“戏”的味道和阅读情趣。

吴勇《无尽的航程》在西式硬精装的画册外，包裹着一本薄而柔软的骑马订的画册（本书的前言部分）。这种“硬装软裹”形态是书籍形态的别样风景，极具创意。

刘晓翔《王羲之与兰亭序》将古代经折装融入现代锁线装。经折装正反面印有王羲之的《兰亭序》和明代石刻画《曲水流觞》拓片。锁线装嵌入的经折装，充分地表现了这两件宽度很长的作品，增添了书籍的审美情趣。

刘晓翔《离骚》大胆地把插图页裁切成不同形状，错落有致地装订在不同的位置，让插图形式耳目一新、充满灵性。插图用很薄的纸印刷，故意透出背面印的水纹，构思奇特，想象丰富，意境奇诡，同文本十分相合。

（2）古代装订方式的现代呈现

中国古代装订方式有很多种，其中有些已多年不用，将它们重新用现代意识加以处理改造，可以形成一些极富中国传统文脉，又别致有趣的新的书籍形态，拓展书籍美的领域。

韩济平《逍遥游》的装订方式是古代卷轴装和旋风装的组合，让它呈现出一种多层次的旋转型的蜗旋的效果，有种现代科技的几何美。

张达利《SGDA 深圳平面设计协会十周年作品集》，函套借鉴了古代简册装做成。函套又被染成红色，同所包的书颜色完全一致，有着强烈的时代气息。

符晓笛《孔子》的函套，令人想起中国古代线装书的函套，却多了简约、大气、空灵的现代意味。

（3）装订形式的延伸

富有想象力的设计师把原来的装订方式加以改变，却有意想不到的别具一格的效果，产生奇妙的境界。

韩济平《施本铭——众生相》把画册横向大大延长，再把长长而柔软的书折叠起来，书口也变成了一个斜面。优雅轻盈又新锐别致。这种独具匠心的处理让装订方式产生了打动人心的美。

吕旻、杨婧《剪纸的故事》书的正文内页，从中间横切一刀，一页变成两个“半页”，每个半页既可与原对应的“半页”，也可与前后页的“半页”上下相接，形成极为多彩的页面结构关系，大大丰富了视觉之美。

途径三　由缺陷、不雅、弃物变身时尚前卫

这一类审美拓展是建立在审美观念改变的基础上的。用现代的审美观点来观照，一些传统意义上的缺陷、不雅、弃物能化腐朽为神奇，产生一种前卫、时尚的另类之美。

1. 裸脊设计

西式锁线书脊过去一直被认为是不雅的，一定要用硬封或

8

速泰熙书籍设计作品

8.9.《雕塑的诗性》

软封面将其包装起来以掩盖其“丑陋”。现代设计思潮却以暴露结构为美，于是把锁线书脊裸露在外，反而成为一种时尚前卫。不过简单地跟随着“裸脊”并非难事，裸脊也要裸得有“设计”，裸得有创意、个性，而且要与书的文本气息相投，才有价值。

2. 印刷错位

按传统观念，印刷的版子套不准形成的错位是一种严重的错误，印出来的产品只能报废。可是依照某种现代前卫的审美趣味，反而产生了一种别样趣味，进而故意利用这种印刷“错位”。这也为审美开拓提供一种途径。

小马哥 + 橙子《王受之讲述建筑的故事》是一本比较前卫的设计类图书，用这种“套印不准”的方法很贴切，增强了前卫的气息。

3. 弃物利用

旧报纸、旧包装袋、破旧的牛仔布……这些常人眼里的废弃物，不仅同审美毫不搭界，反而给人不体面的印象，一旦遭遇前卫的设计师的慧眼，立刻就变成别致美丽的珍珠。

广煜《兴龙海・之间》这本现代艺术家的画集用废旧报纸做封面，来源于他第一次看到这位艺术家的作品的感受：他们是用废旧报纸包裹着从床底下抽出来的。废报纸成了这本画册最合适的封面材料。

4.“错别字”变美

在正统的书籍中，错别字是大忌，何况堂而皇之地出现在封面上！现代设计师在字体设计时，为了创作出别致独特、富有个性的“文字图形”，故意将一些笔画模糊、错位、减少、增加，或将笔画之间的空隙填空……以致形成“错别字”。但恰恰是这样的“错误”带来某种现代意趣。当然，这种“错误”要控制在不妨碍读者正确阅读的基础上。倘变成真的错误，那就不可取了。

何君《书籍之美》用过去的眼光，书名四字均为错字，如今是一种新的趣味。

杨志麟《开悟集》封面书名在笔画间填色、笔画删减和笔画错位平移，营造了十分现代的气息。

5.“透映”之美

传统印刷，因为纸的质量不高，背面印文字、图形“透映”到正面是令人讨厌的无奈与尴尬。今天，高明的设计师利用薄纸的“透映”，反而增加一种朦胧的美感，产生一种“不印而印”的巧妙。

吕旻 + 杨婧设计的《剪纸的故事》大量使用薄纸印刷，利用大量不同色彩的图形在背面透映出形形色色的“减网”效果，令书中那些生动的动物形象似在一层薄雾之中，“不着一笔，尽得风流”。

6. 实用表笺

过去，表格、处方笺之类的东西总给人呆板乏味之感，与艺术毫不沾边。在现代设计师的眼中，可以变身为有意趣的表现样式。

王序《土地》封面下方的“图形”就是一张空白的“观众留言卡”，上面压一行红色的英文书名，有一种未曾体验过的简约现代的韵味，填写完成的留言卡也是书的重要内容。

速泰熙《新闻纷争处置方略》抓住了书名的内核——“处方”，以此为设计的切入点，并把真的处方的形式用于书的设计，收到了不同一般的视觉效果，更强化了主题的表现。

途径四 由新材料带来新的视觉意象

传统的书籍装帧大抵是纸质（精装书有布等材料），纸的种类也很单一。现在单是纸张就有许许多多种性能、质感、色彩各不相同、风格各异的特种纸，正文纸的种类也有很多种。非纸类的材料更是层出不穷。为设计师提供了

韩家英《深圳平面设计 03 展》 何君《朱叶青杂说系列》
小马哥十橙子《王受之讲述建筑的故事》 广煜《兴龙海 · 之间》
何君《书籍之美》 杨志麟《开悟集》
吕旻 + 杨婧《剪纸的故事》 王序《土地》
速泰熙《新闻纷争处置方略》

9

许多选择。这些富有现代气息的材质，大大丰富了书的质感、美感，材质的更新成了书籍审美拓展的一条新路。

1. 承载基质的更新

（1）非纸类基质

非纸类基质大量被用于书的设计，如塑料膜，硬塑料、泡沫塑料、纱布、砂纸、窗纱、金属箔等，都被设计师用于书籍设计，令书的外观更具视觉张力，赢得读者目光，因为它们同常见的传统老式纸张的气息、质感的反差更大。

韩湛宁《G★国际平面杂志 NO.1》的外表用了银色闪光的铝箔包裹，造成极现代、极炫目的效果，其时尚前卫的视觉效果同其表现的现代设计作品十分相合。

韩湛宁《平面 NO.3》的封面裱贴了三条纱布，很有写意的灰色书名字印在上面。纱布的质感造成一种陌生感，顿生一种新鲜别致的“设计美”的意趣。

毕学锋《深圳平面设计六人展》用几层透明塑料膜做封面，单看任何一层都是抽象楷书偏旁部首随意地分布，抽象性和现代感十足，而一旦它们重叠在一起，正好形成六位深圳设计师的楷书名字，设计感十分强烈！透明材质的巧妙运用强烈地暗示这本画册六位作者风格的新颖锐利，带给我们非常前卫现代的视觉享受，令人叫绝！

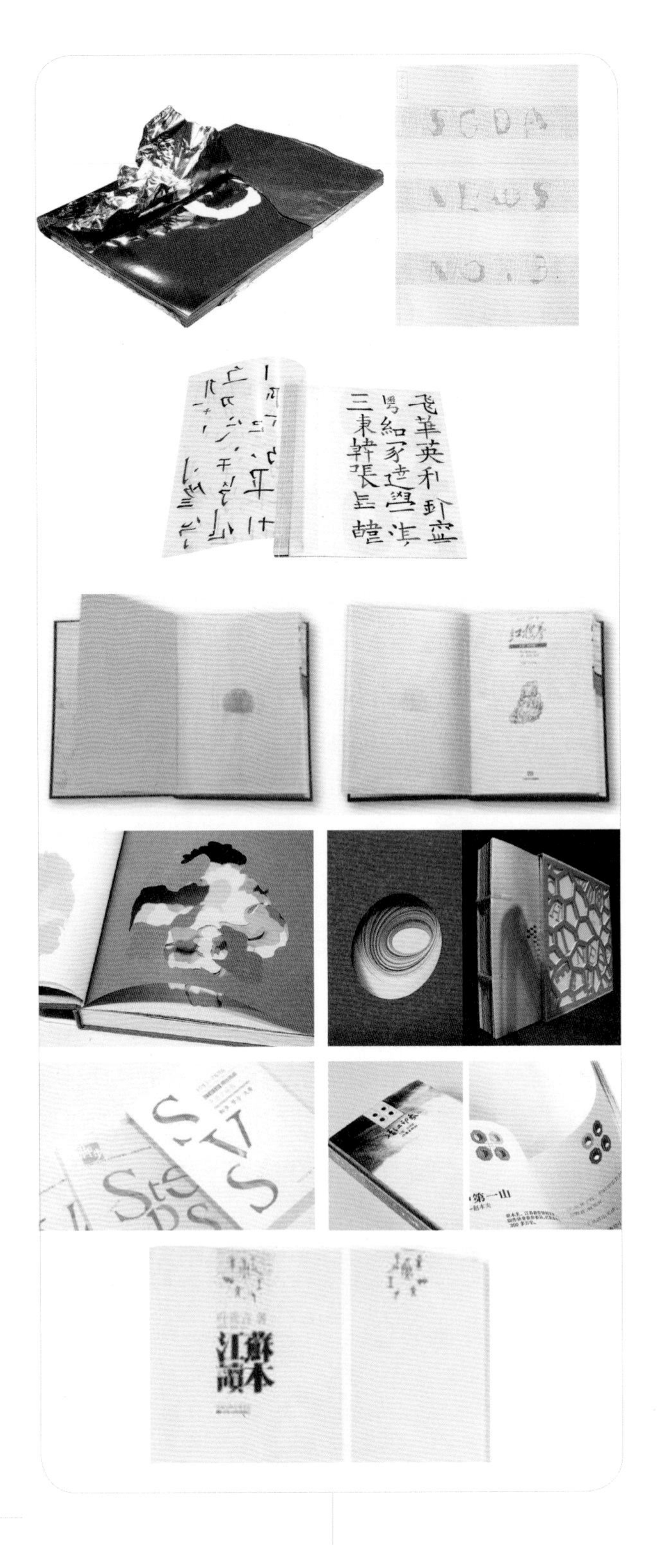

速泰熙书籍设计作品

10.《新闻纷争处置方略》

韩湛宁《G* 国际平面杂志 NO.1》 韩湛宁《平面 NO.3》

毕学锋《深圳平面设计六人展》

速泰熙《红楼梦》双扉

鞠洪深《中国名花》 吴勇《中国印 · 舞动的北京》

王春生《中国五矿报 300 期作品选》 速泰熙《靖江印象》

速泰熙《江苏读本》

（2）纸类新品

如今各种风格、质感、色泽的特种纸数不胜数，成为设计师表现主题、呈现视觉美的利器。

速泰熙《红楼梦》的扉页用了两种特种纸，"前扉页"是金色牛油纸，上印一块宝玉，并过 UV 膜，加强玉质效果，表现宝玉的富贵荣华。"后扉页"用较粗的淡灰色无光泽的特种纸，上印一块石头。透过半透明的金色牛油纸前扉页可以隐约看到宝玉下的一块石头，翻过前扉，在后扉页上则是一块石头，表现"宝玉"原来是一块石头，这个"宝玉"原是"贾（假）宝玉"。

2. 印刷材料的丰富

印刷材料的更新也让设计师如虎添翼。许多特种油墨的出现（如荧光油墨）让书籍呈现不同于以往的时尚气息。UV 膜、各种新型电化铝的色彩、质地都给书籍带来新的审美气息。

途径五　由新工艺锻造工艺、时尚之美

传统的书籍工艺手段单一，基本是锌版铅字印刷，在视觉文化时代，许多工艺手段被广泛采用，新的工艺手段也不断出现，令书籍的视觉效果有全新的表现，洋溢着时代气息，令人耳目一新。

1. 模切、打孔

模切是现代设计师喜爱的手法，可增加书的通透感和层次感，多层不同形状模切的叠加，能产生浮雕一般的效果，同传统单一的表现形成很大的反差，有效地做到"陌生化"，提升"艰难度"，大大增加了艺术表现力。

鞠洪深《中国名花》中用了多层不同形状、不同颜色纸张模切的叠加，产生了非同凡响的视觉张力。

吴勇《中国印·舞动的北京》内页用了大量不同大小椭圆模切的叠加，形成彩色旋转的立体效果，非常别致、动人，又表现了"鸟巢"运动场馆的特征，准确地传达了北京·奥运的主题。

王春生《中国五矿报 300 期作品选》封面英文部分采用了模切的手段制成，露出下一页的色彩文字，增加了立体感和层次感，又同印刷而成的英文字相映成趣。

速泰熙《靖江印象》四眼井是本书的标志图形，原先的设计是印刷而成的，后改为将"井眼"真的打成眼，书上就打成了一眼立体的"四眼井"。这显然比印出的效果更有

视觉冲击力和艺术表现力。

速泰熙《江苏读本》封面表现江苏人文特征的大篆体偏旁部首，非常纤细，用传统模切无法做到。新的激光雕刻技术解决了这个难题，产生精致的镂空效果。

2. 击凸、浮雕

击凸、压凹也是现代常用的工艺手段。雕刻铜模的运用让击凸压凹更为精细，立体感更强，犹如浅浮雕，与传统印刷出的效果相比别有一种工艺之美。

速泰熙《政协风格》从书脊开始到封面、“护书口”、封底，把书中核心文章用击凸形式呈现，有一种浮雕之美和不曾有过的触感。为让文章在外切口也能呈现，同样的击凸浮雕美，特别设计了过去没有的“护书口”。

3. 独创工艺

除了上述的印刷厂原有的击凸、压凹、模切等工艺以外，更有创造性的设计师还独创了一些从未有过的工艺，带来一种全新的视觉感受。

吴勇《无尽的航程》封面的抽象图形是由工人用刮刀将特种油墨在纸面上刮出的几刀抽象笔触，因为是手工操作，每本书都有微妙差别，更具艺术趣味。这种前所未见的手段和视觉效果，如此独特，令人叫绝。

途径六　由探索“模糊性”“混沌性”深入混沌抽象之美境

具象的图解式浅显、低层次的设计，已不能满足高层次的、艺术性强的书籍的需求，“模糊性”“混沌性”的设计产生抽象之美，提升了信息传递的格调和品位，带给高品格、高层次的书和读者提供了新的艺术样式，为书籍审美拓展开辟了一条道路。

宋协伟《昌耀诗十乃正书》的书脊的图形一眼看去，没有易辨识的“具象”文字，细看方知是本书两位作者名字竖排的书名被切割后的剩余部分，极具抽象的形式美感。

赵清《阿海》在画家作品前用了大量作品局部放大的画面，犹如一幅幅抽象画，接着又出现形形色色看不清面目的混沌不清的阿海的照片，模糊而混沌烘托画册的气氛，对提升这本画册的品质和意韵起了重要的作用。这是一种对整体画册氛围烘托的新的设计语言，也是设计师对抽象设计美的一种追求。

赵清《混设计》的一组前环衬是把儿童体写的“混设计”三字解构，再任意重组，形成模糊、混沌的抽象艺术效果。

速泰熙《吴为山雕塑·绘画》封面不再用传统的雕塑代表作照片，而是留出大块空白，只在装订线下面印上吴为山雕塑作品上的铜质肌理。篇章页也是满版印上雕塑表面夹杂斑驳铜锈的紫铜肌理，形成一种抽象混沌之美。

速泰熙《政协风格》	吴勇《无尽的航程》
宋协伟《昌耀诗十乃正书》	赵清《阿海》
赵清《混设计》	速泰熙《吴为山雕塑 · 绘画》
吴勇《画魂》——三角形	杨志麟《开悟集》

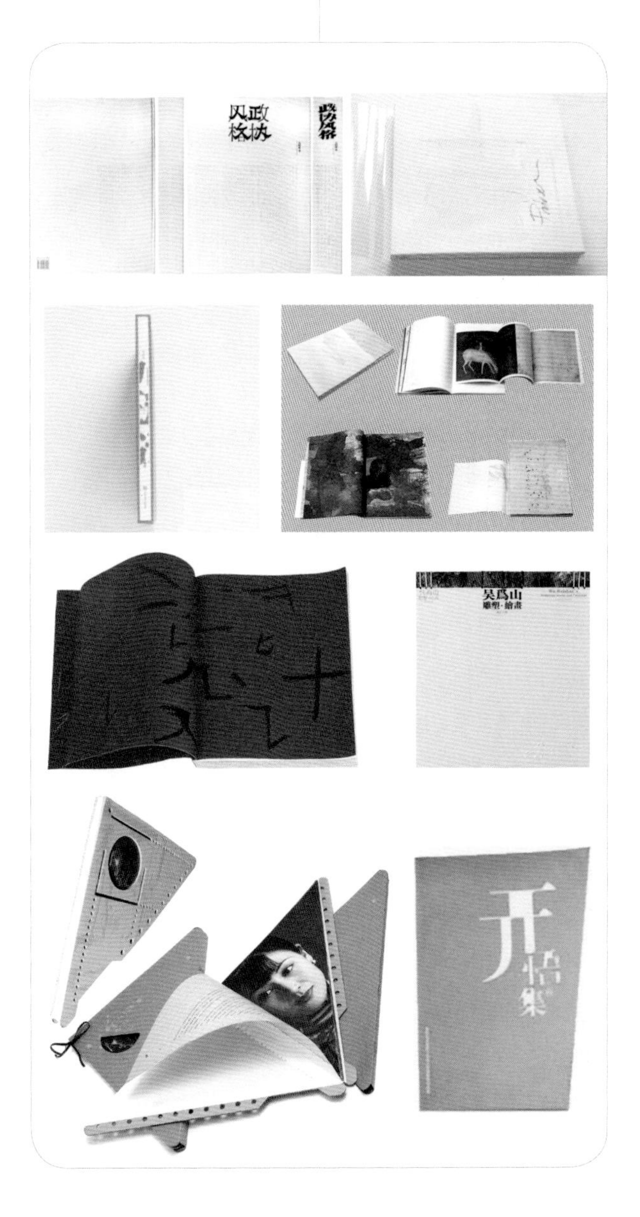

途径七 由“方砖”外形的单一变为异形的多彩

千百年来，书籍外形一直是以“方砖”的形式出现，中西概莫能外。如今，这种单一的形式已经被打破。从书的开本形状探求新的形式也是书籍审美拓展的一种途径。这些外形各异的书籍同“正常”的方砖形差异鲜明，很容易吸引眼球，达到特别的传达效果。

1. 几何形

吴勇《画魂》书的大形采用了三角形，可谓“特立独行”，引人瞩目。这种“特立独行”、不同凡响恰与《画魂》主人公的性格相合。

杨志麟等《开悟集》与《开物集》分别是设计论文集和作品集，斜切成不对称梯形，手法极其简约，具有非同一般的设计感，非常贴合书的气质。两本书并在一起，形成一个完整的方形。

2. 实物形

朱赢椿《元气糖》一本讲“吃”的书，设计师把它做成圆角糖的外形，封面、封底的材料手感柔软，令人想起软糖的质感。书口白底上还有两条绿色线条，又增添了糖果的趣味。

速泰熙书籍设计作品

11.《政协风格》

王粤飞《正泰集团简介》，机械零件的超酷外形，辅以银色的质感，令人想到高科技的时尚前卫，极为夺人眼球。读者在打开书之前就受到一种先声夺人的震撼。

吴勇《华森出品 1980—2005》书的外部形态犹如一座现代建筑，方正中有着精微的变化，几何化的立体造型，酷感毕现。

途径八　由“编排设计”的“陌生化”引入新美域

打破传统平面设计中的“编排设计”（设计正文的字体、字号、行距、字距、分段方式、天头地脚、左右白边……的设计处理）的老式刻板套路，大胆进行现代化处理，让正文内页产生千变万化的设计趣味，呈现崭新的视觉美。这也是审美拓展的重要领域。

何明《链》的版式编排，产生的几何块面之美、黑白对比之美，令习惯了老式刻板版式编排的读者感到一种现代的活力和视觉张力。

小马哥 + 橙子《王受之讲述建筑的故事》文字排列不用自然分段，排成不同的方形，与不同大小的方形插图形成千变万化的组合，形成大疏大密、大虚大实的对比，同书中现代建筑一样，给我们一种非同寻常的几何之美。

速泰熙《都市地理小丛书·南京》把民国年间出版的已经泛黄的原大“小丛书”，嵌进了新版本的“大书”，让读者品味到原书的全部视觉风采，“大书”与嵌入“小书”相映成趣，新版的简化字横排同老版繁体字竖排相映成趣，有一种时空穿越之感。

途径九　由互动设计导致别样的审美情趣

互动设计是当代设计师关注的课题，是对读者的重视。读者的积极参与，能大大提高他们的阅读兴趣和效果，其间也能产生由读者参与带来的新的审美趣味。

1. 传统毛边书的现代利用

诞生于西方的“毛边书”，20 世纪三四十年代在我国也曾流行过。被淡忘几十年之后被当代设计师重新启用，反而让读者有一种新鲜感。读者亲手用刀边裁边读增添了阅读的情调美，纸刀裁切后形成的毛边与寻常书的光边形成对照，也是书上一道美丽的风景。

朱赢椿的《不裁》不是过去毛边书的简单重复。书上切口有的毛边是用他特制的刀具切成。读者的裁切动作又同书名《不裁》产生了一种呼应，令人玩味。

2. 设计读者动作传达文本精神，产生异样审美效果

速泰熙《重读南京》在腰封的灰暗城砖上印上“悲情城

朱赢椿《元气糖》——圆糖形　　王粤飞《正泰集团简介》
吴勇《华森出品 1980—2005》
何明《链》　　小马哥 + 橙子《王受之讲述建筑的故事》
速泰熙《都市地理小丛书 · 南京》
朱赢椿《不裁》　　速泰熙《重读南京》
吕敬人《袖怀雅物》　　陆智昌《北京跑酷》
戴胤《蒲公英》　　速泰熙《政协风格》

市”“伤感之地”，让读者在阅读前撕去，露出下面封面金黄色城砖上“文化名城”“英雄之都”的字样。腰封都要扔掉的，正好可利用来表现扔掉“悲情城市”的帽子，还原“英雄城市”的本色。

途径十　由“编辑设计”主动介入引发全书表意之美

“编辑设计”是“编排设计”的超越，是书籍设计的更高境界。它要求设计者更早、更主动、更深入地介入到全书的策划、编辑活动之中，以达到更充分、更完美地呈现本书的内容精神。设计师不再是单纯地“视觉化”“美化”，还要站在编书人的高度，从视觉设计的角度，主动涉入书籍内容的编辑。这既对设计者提出了更高的要求，又让书籍的表意之美上升到一个更新的高度。

吕敬人《袖怀雅物》，除了富有创意和韵味的编排设计，主动介入内容结构的设计。这主要体现在强化扇子制作过程的视觉化阅读和理解扇子解构与重构的图形化解读；提供全书有时间与空间层次感的翻读；让读者成为享受戏剧化演绎图形镜头感的读者，提供领会文字承担的角色语言；贯入视觉化内容编织的书戏语法，最终融入中国扇子传统精神与现代审美的书籍语境。

陆智昌《北京跑酷》，策划伊始，陆智昌和他的工作室，以及汕头大学学生团队便全面介入。为实现以“在行走中

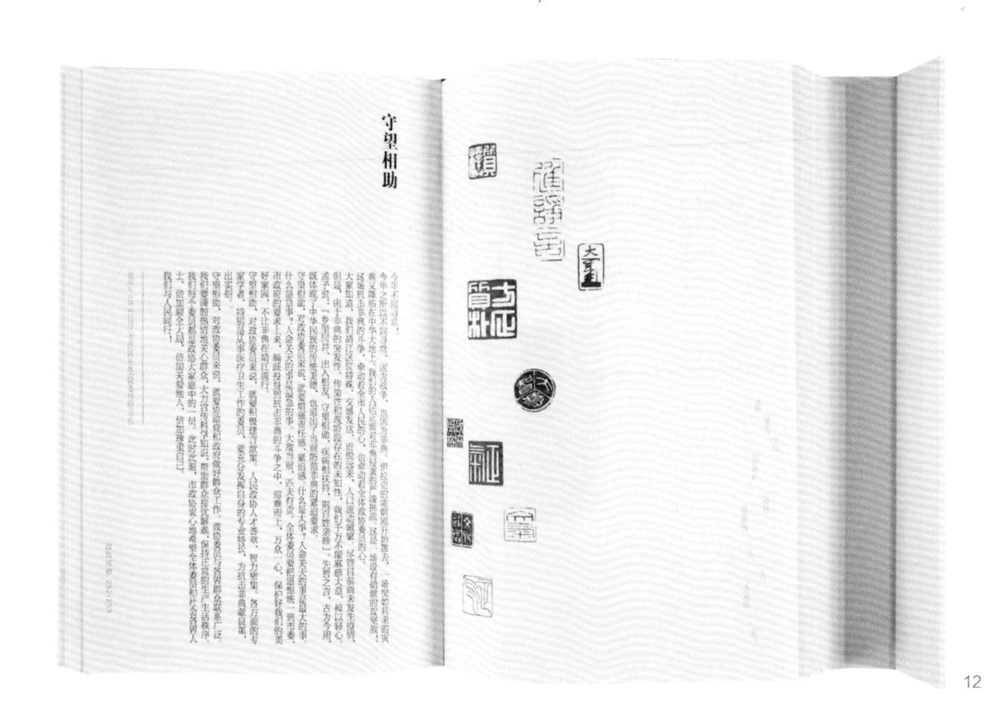

正视、阅读城市”的新观念、新视角表现北京，他们遍及重要区域“跑酷”，把区域（街道）的环境、事物、建筑、空间结构和尺度勾画出来，再进行分析整理，绘制成平面图、立体图、分解图、剖面图等，配合照片和卫星 / 航拍地图，立体地、全方位地加以表现，让本书呈现出前所未有的翔实、丰富而又新颖、美观的视觉效果。

戴胤编绘的《蒲公英》源自他独创的含有植物种子的“种子纸”。种子纸本身有着独特的视觉形态，把它放在湿海绵上，3 ~ 5 天种子即可出芽，又产生一种从未有过的生机勃勃的“草芽纸”。充满生命力的新颖形式大大强化了这本由设计师自编自画图画书的表现力和感染力。这由设计师创造的纸引发而成的书，可以说是形式启发了内容，内容又带来新的绘本形式。设计师参与了书的策划和编辑，设计绘制了全书。设计成了“第一文化主体”。

速泰熙设计的《政协风格》书名四字都由两种字体组成，粗壮的老魏碑体凸显的“正、大、人、文”四字，是政协风格“质朴、大气、亲民、儒雅”四个特点的浓缩，正文前四张插页有说明。通过它们可用最少的文字掌握“政协风格”的精神内核。专门为本书设计的近 70 枚红色印章贯穿全书，印面文字是对政协风格四个特点阐释，一部分来自文本，一部分由设计师创造。

三、关于“书籍设计审美拓展”的思考

书籍设计的审美拓展就是探索书籍的新视觉形式、新的美。俄国什克洛夫斯基说：“艺术的技巧是使对象变得陌生。”“陌生化”就是扬弃旧的过于熟悉的形式，创造新的陌生的形式。

探索新的视觉形式、新的美，是对旧视觉形式、旧美的延伸和发展，更是超越。不同时代有不同的“视觉范式”，旧美变新美，就是“视觉范式”的演变。用一种新的视觉范式取代旧的视觉范式，本质上是观念的改变。

（一）书籍设计审美拓展十种途径分析

我们根据自己掌握的材料总结归纳出“书籍设计审美拓展的途径”有十种。这显然不是全面的，一定有很多途径的范例我没有见到，没有收入，只是借此引发更多人的关注和进一步探索。就目前总结的十种途径而言，根据内在特点的异同又可以分为四组，现分别论述。

第一组：由“非美”而美

这组包括 1、2、3 三种途径，都是由过去“不美”“非美”转变为当下的“美”。有的是从未被设计美眷顾过的非实

13

速泰熙书籍设计作品

12.13.《政协风格》

用部位（如切口）、有的是过去与“美”无关纯实用部分（如装订线）、有的在过去视为缺陷、不雅，不仅不“美”，甚至是“丑”，总之均与“美”无涉，如今却成了设计师目光投向的新地。总之，是以前从未被视觉化、图形化、美化的，如今得以视觉化、图形化、美化。

途径一“由被审美忽视之地变为审美新域”，过去造书时自然形成的一些部位，本身既无实用价值，也无审美价值，是“被审美遗忘的角落”。

“切口”是个非常典型的例子。切口以前从不设计，那时觉得是“天经地义”的。传统的视觉范式是立足于“平面设计”的。“书籍装帧”就是在封面这个平面上设计，如同“平面设计”的典范——海报设计，最终由锌版或胶版大量复制。它从不考虑纸的侧面，因为它太薄，无法处理，设计师和读者都认为无须考虑。如今这片“审美的无人区”，被视觉化、图形化、美化，这种原来看似不可能出现的美给读者带来极大的惊喜，使它成为书籍设计的新亮点。

途径二“由纯实用的非美之地变为美的新地”，造书必用一些实用之物，它们本身不丑，但与审美无关，现在成为审美“热点”。

最典型例子是装订线的设计。装订线，不论中西，原先均为实用之物——把一页页互不连贯的线按一定顺序连缀成一本书，纯然没有“造型”“图像”的概念。几百年来，中式装订线就是按祖先传下来的方式，用最简单的方式执行着“连缀”的任务，几乎所有人都认为这是理所当然。现代设计师的慧眼发现了美的可能：改变打眼的位置就能使装订线连接成所要的图形。改变装订线的色彩，甚至材质质感，又让美得到进一步拓展。于是，原先仅仅是承担纯实用功能的装订线成了美的载体。其实，艺术原本产生于实用。历史上美的东西都由原来不美的实用物演化而来。书法名碑、汉代《张迁碑》原是对张迁歌功颂德的实用之物，并非作为欣赏书法美的作品；书圣王羲之的《肚痛帖》原本是记事的“便条”；敦煌壁画原是为宣传颂扬佛法教义的实用目的而作，它们因为全都具有“有意味的

速泰熙先生课间与学员交流

形式”，能激发人的审美情感，才被人奉为具有大美、至高无上的艺术作品。当人们用审美的眼光关注实用物并加以美的改造，就让原来的“不美”变成了美。关键就在于一双爱美的慧眼。

途径三“由缺陷、不雅、弃物变身时尚前卫”，共同点是由原先的“丑”的华丽转身，犹如丑小鸭变身白天鹅，其本质是观念的转变。不少用过去传统的眼光看被认为是缺陷、不雅的，换成现在的眼光看却是有趣的、动人的、可爱的。于是以往的丑变成了现在的美。不同时代有不同的视觉范式。审美标准不是一成不变的。以前的“错别字”在新的语境下变成一种新的视觉样式，产生一种新的趣味。这在我们日常生活中也随处可见，比如“神马”“偶”都是“什么”“我”的故意“错别”，带给我们的是一种幽默的趣味。裸脊的设计同法国逢皮杜艺术中心裸露管线的设计有异曲同工之妙。印刷的错位，透印让我们获得过去不曾见过的视觉之美。美的领域也由此得以拓展。

第二组：因“材”“艺”而美

这组是由材质、质感和工艺美感切入，是过去书籍装帧设计几乎没有的，现在杉浦康平先生提出的“艺术 × 工学=设计 2”的理念现在已成为设计的重要方向。

途径四“由新材料带来新的视觉意象”和途径五“由新工艺、锻造工艺时尚之美”，是从材料和工艺切入。这是现代书籍设计的一个重要特点。

前面说过，过去书籍设计是立足于“平面设计”的，即在一张纸上用锌版、胶版印上设计出的图形，都是在模仿绘画的效果，基本不考虑材料、工艺的多样和考究。现代设计的先导——建筑设计在新型材料、工艺手段方面做了大量探索。德国包豪斯的创始人格罗佩斯认为：“只有执着地进行思考，专注于利用现代材料，运用现代的所有制造手段与建筑手段，才能创造出好的形式。”书籍设计这个“微建筑”也不例外。现在越来越多的设计师把目光投向材料和工艺。大量新颖印刷材料的问世，形形色色的艺术纸，诸多“非纸类”材料被用于书籍，很多特种印刷工艺被设计师巧妙运用，都产生了许多不同于以往追寻的绘画效果，产生了一种“设计之美”。从绘画美到设计美，极大地丰富了书籍美的形态，“技术力量已成为一种从根本上直接驾驭艺术形式和审美价值的叙事元素”，让书籍设计的“美域”进一步伸向远方。

第三组：破旧“美”而美

这一组是对旧有形式的变革而产生新的美意。是对过去书中图形的具象、大形的单一、版式的刻板的一种变革。过去虽然有形式，但比较单一刻板，如今变得多彩、动人。

途径六“由探索‘模糊性’‘混沌性’深入混沌抽象之美

14

速泰熙书籍设计作品

14.《政协风格》

境”是对传统具象图形的突破。过去书中的图形，无论是封面图形还是插图，为了诠释文本内容，主要采用写实的具象图形。现在书籍，特别是艺术性强的书中的图像越来越向抽象演化，即便是具象的写实照片也能被拍摄或处理成强烈的抽象意味。文字也被肢解成不认识的抽象图形。写实的具象图像虽然平白浅显，在一些设计感强、艺术性强的书中就显得欠缺，而带有抽象意味的图像则更具现代意味和艺术性。这同西方绘画的发展颇为相似。

古典绘画乃至早期印象主义时期的主导范式是“模仿、写实”——酷似描绘对象。从古典绘画到印象主义，后印象主义、表现主义、立体主义、抽象主义，其抽象成分不断增加。他们描绘的不再是纯然客观的世界，而是越来越指向自己内心的世界，表达出图像的追求，从指向描绘对象的“相似性”，到指向自己对描绘对象的理解的“自指性”的演化逻辑，即从旧“美”迈向“新美”。

不过要说明的是，绘画的这种演化是纯艺术的演化，而设计艺术必然带有或多或少的实用功能，因此从“相似”到“自指”产生的“模糊性”“混沌性”的抽象探索，要与传达文本内容巧妙地结合起来。

途径七“由‘方砖’外形的单一变为异形的多彩”是一种对书传统大形的突破。书籍的大形，无论中外，过去是一律的“方砖”形，区别只是大小、比例不同而已。产生的原因主要是基于印刷装订的工艺限制、节约纸张和成本降低，多年来也被人们认可。但在视觉文化时代“对外观极度关注”，过于单一的外形也会令人乏味，且对一些内容书的外观表现不力。改变书的基本形式也成了创造新美的一种途径。诚如上面所说，传统书籍装帧设计只在封面这个平面上改变图形、色彩，并不考虑书的形态外观，犹如保暖瓶的设计，以前只是在传统的基本形的外壳上变换图案，把菊花换成牡丹，把小猫换成大虾，其大形态完全不变。而现代保暖瓶的设计将其大形态作为设计的重点，加强了现代设计的意味。现代的一些“异形书”更能吸引读者的眼球，独特的大形态又有独特的表现力，让信息传递优化，让书籍的美域延伸。

途径八“由‘编排设计’的‘陌生化’引入新美域”是对传统书籍的版式设计的突破。过去，书籍装帧设计只在封面进行，正文不在设计之列。基本由文字编辑或技术编辑根据惯例，确定各级标题和正文字体、字号、字距、行距，完全是为了正文的清晰表达和便于阅读的实用功能，并无任何审美考虑。因此造成了千书一面，单调乏味。

编排设计把书的每一页都当成画面来经营。把文字看成一个个点，许多不同大小的点按照不同的方式组合，形成不同形状的线，线再组成不同形的面。这些线、面与插图的图形再以各种有意味的形式组合，形成各种各样形式的页面。具体说就是调动字形、字号，改变字距、行距、段距、天头、地脚、左右白边的大小，形成不同的空白，达到新颖的虚实关系，产生一种新的排列之美，贯穿全书。它不仅突破传统版式的单一刻板，让内页充满美的韵味，给阅读带来美的享受，也强化了对文本内容和精神的传达。

第四组：借新理念而美

这一组均借助过去没有的新美学理念和设计理念。

途径九“由互动设计导致别样的审美情趣”来自传统装帧设计中从未有过的“互动设计”。这是一种基于“接受美学”的设计理念。接受美学认为，文学艺术作品的艺术效果和艺术价值，乃至作者所获得的地位和荣誉，都是以读者对作品的接受过程和由此获得的审美体验为前提的，所以作品的艺术效果和艺术价值等，都与读者能动的参与过程及其结果分不开。因此，读者的互动，对作品的效果和价值至关重要。不仅要读者“眼看”“心动”，还要“动手”，共同参与对作品的接受活动。于是“互动设计”应运而生。由于读者的参与，会产生出一些特别的视觉效果，产生不一样的审美趣味，使美域延伸。

途径十“由‘编辑设计’主动介入引发全书表意之美”来自更新颖的“编辑设计”理念。过去装帧设计是在书稿完成后进行的，且不对文本内容做任何触动，是一种被动的装帧。“编辑设计”主张视觉设计更早地进入，甚至在书的策划阶段，文本尚未撰写的时候就与策划者、作者共同策划，提出自己的意见和建议。“编辑设计”要求设计师对文本内容进行编辑整理、增删，用有意味的形式诠释文本的核心内容和精神，起到文字本身无法起到的作用。“编辑设计”让设计师以主人翁的身份进入书的设计，更加体现了书籍设计的“文化主体”作用，充实强化书的内容，提升书的总体价值。

（二）书籍审美拓展产生的美是一种“活的形式”

同其他艺术一样，书籍艺术也是一个生命体。书籍设计的审美拓展显示了书籍艺术的蓬勃生命活力。她们犹如小花、大树、小鸟、大象……犹如大自然形形色色的万物，不断有新生命的孕育、诞生、成长、成熟，达到辉煌，也会最终消亡逝去。但新的一代又更快更美地涌现，呈现更加繁花似锦的面貌。书籍审美拓展是书籍艺术生命的必然。

美国符号美学家苏珊·朗格指出：“艺术是人类情感符号形式的创造。”这种“符号形式”是一种“活的形式”。

朗格认为“活的形式”必须具备四个条件

1. 形式是能动的。持续稳定的形式是一种变化模式；
2. 形式是有机建构的。其构成要素是相互关联的；
3. 形式系统由有节奏的过程结合而成；
4. 形式活动的规律是随着特定历史阶段生长与消亡的辩证法。

书籍艺术同样具备以上条件：

1. 书籍艺术形式是能动的，绝非一成不变，它是一种“变化模式”。书籍艺术总体有一个相对稳定的模式，书有书样，但因为审美拓展的不断进行，书籍形式不断变化更新。

2. 书籍艺术形式是有机建构的，其各个组成部分不是孤立的，它们有机地结合在一起构成一种美的形式。一本书中，封面、封底、书籍函套、扉页、正文页……各部分都不是孤立的，而是紧密相连。即便在一个封面中，其中的图形、文字、空白、色彩……所有形式元素也是紧密相连的。

3. 书籍艺术形式系统的形成是有节奏的过程，不是简单的直线形，而是随着时间的推移而起伏变化。单单一本书的设计制作过程总是不断修改，不断变化，不断完善，对于整个书籍艺术形式而言，更是如此。

4. 书籍艺术形式活动的规律，也是随着时代的变化而生长、消亡。其形式的审美拓展就是随着时代而变，在不同的历史时期有着不同的风貌。

可见，书籍艺术是一种“活的形式”，她具有强大的生命活力，随着时代的发展，不断新陈代谢。设计师们用多种多样的创意手段，不断创造出千千万万、形形色色的新的美的形式，奉献给读者。

朗格说，艺术就是用各种各样的手段去创造和加强“活的形式”。书籍设计的审美拓展就是创造和加强“活的形式”。

（三）审美拓展的美不仅是“有意味的形式”，也是“有意蕴的形式”

本文归纳总结了近十年来我国书籍设计师在书籍审美创造上的范例，很容易引起一种误解，似乎书籍设计只是一种单纯的形式变化，一种表面的花样更新。这里必须重申，这些创新的审美形式都是同书籍设计创意紧密联系在一起的，是为了更好地传达文本内涵精神的。形式的创造和内涵的表现合二为一，一为外观形式，一为精神内核，相互依存。

德国符号论美学家卡西尔认为：“一切以某种形式或在其他方面能为知觉揭示出意义的现象，都是符号。”

按照卡西尔的符号论，各种各样的艺术都属于符号体系，书籍设计作为一门艺术自然是一种符号体系。它就是以“某种形式”去“揭示出意义”。书籍设计拓展出的新的形式，必然也要“揭示出意义”，即形式必定有其内涵意蕴。

苏珊·朗格也认为符号是一种语言，“语言即符号”，虽然符号不等同于一般的语言，但同一般语言一样，都蕴含有一定的意义，传达出某种情感和信息。

符号论美学比贝尔“有意味的形式”又前进了一步，指出了形式、内涵和意蕴的密切关系。

速泰熙先生为学员签名

不仅西方美学家认为形式中有内涵，在我们中国人的观念里，形式之美和内涵之美也密不可分。“美”往往含有“善”的意思，比如“最美的乡村教师”，未必是外貌最美，而是心灵最美，行为最美。美和善两个字，均为“羊”字头。古文中，羊即是祥，含有吉祥美好之意。美和善是不可分的统一体。书籍设计的形式中，诸如图形、色彩、空白、线条、材质、工艺、装订方式等，都传达一种内涵、气息，抑或一种精神、气质——文本的内涵与精神。所以，审美拓展创造出的新美，既是一种“有意味的形式”，同时也是一种“有意蕴的形式”。

（四）书籍设计审美拓展是品位、境界的追求

视觉文化时代的特征与本质是“将存在图像化或视觉化”，图像化或视觉化的核心是视觉之美，在前面我们已经反复论述。然而美也有品位、境界的高下之别。

艺术品有品位、格调的高低，在中国文化中受到特别的关注。唐代就把绘画分成四个等级：“张怀瓘《画品》断神、妙、能之品，定其品格……其格外有不拘常法，又有逸品，此表其优劣也。”这个标准一直用到现在。

书籍设计作品的品格同样也有高下之分，境界自然也有高低之别。高品位、高境界是审美拓展的至上追求。视觉形式美以质朴自然为上，追求新异固然必不可少，仍以适度为佳。过度设计，堆金砌银，花哨炫目自不可取，豪华奢侈、炫权炫富也同高品位、高境界背道而驰。倡导节俭环保也是设计之正道。宋代欧阳修有首诗：“砖瓦贱微妙，得厕笔墨间；于物用有宜，不计丑与妍。金非不为宝，玉岂不为坚，用之以发墨，不及瓦砾顽。”品位的高低不在材料的贵贱，价格低贱的材料只要运用得宜，远远超过运用不宜的贵重材料。

书籍设计的审美拓展不能流于简单的花样翻新。“十种途径”表面看来是设计的技巧、技艺，很容易停留在“技”的层面，显得品位不高。“技”要为“意”服务。炫技失意，设计小气。书籍设计是“艺”，“技近乎艺”方臻于美，进而升华至大器。

高品位设计来自高品位的设计师。高品位的设计造就高品位的读者，反过来，高品位读者也造就了高品位的设计。高品位读者是高品位设计的沃土，是设计师的良师益友。遗憾的是眼下“美盲”不少。一味迁就品位不高的读者绝非高招妙策，这时用高品位的设计启蒙、引导他们就显得十分必要。

（五）书籍设计审美拓展的现代中国精神

作为中国的书籍设计应当努力追寻中国精神，而且是现代中国精神。

提起创新，我们往往总是盯着世界上几个设计大国的设计。学习外国先进的优秀文化，非但没错，还应鼓励。问题在“总是盯着”或“仅仅盯着”。向外国学习非常必要，但不能用外国设计代替中国设计。世界的设计也不能只有一种西方模式。所谓“国际主义风格”的流行和设计“全球化”思潮，往往以世界民族文化多样性的消亡为代价。中国文化同世界潮流拥抱之时，不要忘记自己的文化之根。以几千年文化为根基的中国设计在吸取世界现代设计营养后，应当诞生一种新的、有着现代中国精神的设计文化。中国人有自己的审美积淀和审美趣味，书法、印章、绘画雕塑、建筑园林、民间工艺……都是我们极重要的文化源泉，更有中国古代杰出的哲学思想、美学理念，取其适合的部分用于设计，同时吸取世界先进设计理念和手段，审美拓展的天地极为广阔。可喜的是我们已经有不少书籍设计作品，既有中国文化之根，又洋溢着强烈的现代气息。这种“有根的现代”正是我们书籍设计的“正道”。循此正道，我们中国的书籍设计定能对世界做出更多贡献；进而对世界设计思潮做出影响，也并非遥不可及。

我认为，从审美角度看，人类历史是一个不断创造美的历史，探索美的历史，也就是美域不断延伸的历史。书籍设计的历史就是一个创造、探索书籍设计美的历史，也就是书籍设计的美域不断延伸的历史。

海德格尔说建筑是为了“诗意的栖居”。

我们借这位哲人的话说：书籍设计是为了“诗意地传达”（对文本而言，对其内容精神的传达）。

书籍设计是为了“诗意地阅读”（对读者而言）。

书籍设计是为了“诗意地展现”（对设计者而言，展现设计者的创造个性）。

书籍设计的审美拓展是一件富有诗意的工作，也是一种富有诗意的享受。

艺理论说

专题：“敬人纸语”书籍设计研究班第二期教师讲座选

李德庚

设计研究者、写作者、策展人、设计师

清华大学美术学院视觉传达系　副主任

1996 年毕业于中央工艺美术学院装潢设计系，

2000 年获北京服装学院设计艺术系设计艺术学硕士学位。

2007 年创立 OMD 当代设计中心。

曾策划“社会能量——当代荷兰交流设计”活动，

以多重身份致力于当代设计研究、实践与推广。

曾主编并设计《欧洲设计现代时》与《今日交流设计》系列丛书，

2003 年获德国莱比锡视觉艺术学院平面设计与书籍艺术系系统设计方向硕士学位。

2004 年至今，德国乌珀塔尔大学视觉传达方向博士生，

在柏林期间成立工作室。

内容空间的构建——我的书与我的展览

Li Degeng
李德庚

时间：2013 年 7 月 21 日

地点：北京 敬人纸语

编者按语

在出版业内做惯了行活，使我们思维非常狭隘，我们怎么能跳出这个思维，李德庚老师提出一系列的问题，供我们思考。书即是书，书又不是“书”，这概念是什么？书籍到底该承载些什么，仅仅为了文字承载在纸面上或受制于客户的书装要求？在这样所谓的装帧规则里，冲破自身的束缚，还要抵御外界的影响，我们真的需要踏出勇敢的一步。我们怎样才能做到在一个产业链的上游去思考问题，而不被产业链所俘虏？我们参与是一种叫阅读的设计，是纸面载体也好，电子载体也好，甚至视觉展示……所以设计活动最终都是在演绎时间和空间的信息剧场。德庚老师以他的设计过程证明当今的平面设计不要自掘陷阱，这不仅仅是在做书的问题上，要学习各个方面的知识以外，还要学到思维的方式，还要有更开阔的创想维度。他所列举的案例，可以看出他在书籍上面形成了非常好的信息结构的综合驾驭能力。他从策划开始做起，制订一种结构，然后按那个结构去调研、采访、撰文、拍摄、交流、讨论，然后来论证这个结构传播的可行性，最后才进入设计，编成一本书，这就是优先于产业链上游的主动方法。这种方法德庚老师扩展到设计的社会能量上面，他经手策划的大型展览不仅仅是墙上作品，更多让观众融入他所要表达的信息环境之中，让你思考、互动，交流，这和书籍设计一脉相承，这种思考导致的就是内容的“改变”与提升。书在静止状态下是没生命的，当你翻动阅读以后才产生生命感，这里不存在电子和纸面，或其他媒介的区别。他对一个城市的反思，对人与人之间关系的反思，对社会与环境的反思……用这种方式可以移植于多种传媒运行的思考上。书籍装不下他的思考能量了，所以延伸到另一种传播形态，主动出击，而不只满足于一种服务。反过来他让我们反思过去做书的装帧观念，这也是将来设计师要面临的继续生存还是被淘汰的问题，这样才是我们真正要面对的怎样才符合做书人条件的问题，李德庚老师谈“书”，一为真的书，二为固有观念的书之外的“书”，然而，它们的本质是一样的。

吕敬人

怎样认识新媒介和旧媒介

我认识的新媒介与旧媒介。我不是典型的书籍设计师，我到目前为止没有正经给别人设计过一本书，而我所有设计过的书都是自己写或自己编的。由于自己穿插的角色比较杂，所以可能我对书的理解会比较宽泛一些，能提供大家一些不同的视角。

第一个角度是：书就是书。这虽然像句废话，但我认为非常重要。很多人都对比过所谓的"电子性"和"纸性"的区别，我认为大多数人的方式是有些问题的，在信息时代，大家被铺天盖地的信息带得脑子晕了，你如果用书跟电子的东西去比信息量、比传输速度、比成本，那没法比，没有一点可比性，而且差距越来越大。但如果你回到生活里去想一想，如果今天把你放到一个小山村，什么东西都没有，连电都没有，你会可能有一种"信息恐惧症"，你会觉得"哎呀，没有信息我会恐慌"，但在信息如此庞大的今天，你健康了吗？舒服了吗？同样你也有你的苦恼和难受。信息时代带给人的不全是好东西，社会的发展就像一个掌握不了分寸的动作向前做了一下，但是过劲了，今天是信息爆炸，爆炸并不是好词啊！信息爆炸其实是泛滥、过多、拥挤、烦闷等，而且快速传播带来的是信息破碎，每天接触到的绝大部分都是一些碎片信息，这种东西，对于电脑来讲，是可以按量来算的，但对于人脑来说却是非常费解的，大脑里储存那么多信息干吗？人需要的是知识，需要的是能够帮助人生活得更好的理解，不要把大脑去跟硬盘比，我不是传统媒介的原教旨主义者，我会从一个相对客观的角度去看待新媒介和旧媒介的关系，今天的新媒介和旧媒介是很难界定的，大家不要以为现在的电子就是新，纸就是旧，我从不这么认为，当你把事做到老套的模式里，那就是旧，并不是因为这个媒介本身旧。书这个媒介大家想想它的好处是什么，当你打开电脑，开启搜索引擎的时候，你要搜什么？搜索引擎是一扇大门，你可以通向任何信息库，但前提是你永远都要回到"你要干吗"这个问题上。书是人类历史一直到现在最成熟的知识媒介，他的开合、序列等都是非常稳定的。对于知识呈现来说，并不是越快、越不稳定、越活跃就一定是好的。

1

不光是书，生活中诸多的事情，人是不是真的越快、越活跃，就越舒服？书不要跟那些东西拼，没有必要！到目前为止还没有任何东西可以完全替代书，书可以通过稳定的结构去呈现一个完整的知识体。当翻开书，真正进入阅读的时候，其实是打开了一扇门，进入了另一个世界，而这个世界几乎是封闭的，而在电子媒介和网络阅读上几乎做不到这一点，很多人说纸看起来比屏幕更舒服，这也许不假，但这都是非常细枝末节的东西，稳定的结构不是书的缺点，恰好相反是优点，这才是最根本的问题！我觉得书籍的未来，更大的是在于发现本身的优点，不要拿自己的缺点去跟电子媒介比，这是误区。

今天互联网设计的先知加拿大的麦克·卢汉，可能很多人看过他的书，他将印刷文字和电子媒介的比较看作是市民和游牧民的比较，他把过去印刷世界的人叫作“市民”，把我们今天进入网络世界的人叫作“游牧民”。游牧民也算是个好词，听起来是个很古老的词，实际上指的是在网络上随着信息漂流的人。我们可以大致地比较一下这里面的差异，麦克·卢汉在预言互联网的电子媒介的时候，也并没有说电子在替代印刷，他只是平行地列出这两种媒介之间的差异性，实际上他是给后人留下余地了的，我们如何从这样的对比中找到每个媒介的优势，以及继续寻找新的发展呢？

书、人、环境、事件

这个视角是：书、人、环境、事件。听起来比较宏大。因为我想把书当成社会关系中的一环来看。有时候做东西需要退远了看才行，就像当年高考画素描，你会发现，退远了看才可以把握大局，其他事情的道理是一样的。把书这

李德庚主编、书籍设计作品

1.《固态阅读》

个媒介放到社会事件中的一个点的位置上，有助于综合观察、反思书该怎么去做。举个例子，比如古代人看书，古代有书房，生活节奏很慢，然后在书桌上有一盏孤灯，境界很好。今天呢，人有看书的时间吗？有文化的人坐飞机的时候看一看，地铁上中国人看书习惯比西方差多了，东京、巴黎的地铁上有很多人在看书！这些景象都在证明一件事情：环境已经改变了，人的精神状态也改变了，包括一本书在具体时间上的作用也改变了。

曾经有一位委托人请荷兰书籍设计师伊玛·布为他50岁的生日做一本书，封面上没有书名，作者名什么的都没有，只有小小的一行字，你也不明白是什么意思。这是经纬度加时间，就是那个人的出生地点和时间，因为它虽然是书，但却不是为市场而做，而是一个生日礼物。书籍到底是个什么样的东西？像伊玛·布这样的设计师是可以一直在设计中问这样的问题的。对于她来说，书的形态不同并不重要，真正的不同在于书在不同的事上扮演着不同的角色。而当角色不同的时候，就意味着不同的生产链、不同的市场、不同的价值。这是做事的根本。所以书与人、环境、事件都是相关的。对于一本书来说，可能性在哪里？不要把书局限在一个固定的生产链条里，多维度地思考是很有益的，伊玛·布就经常打破这个可能性。

书与颠覆者的战争与和解

大家谈做书，总免不了跟电子媒介和网络去比对，似乎电子供应商、生产商成了书籍界最大的敌人和侵略者。难道说这仅仅是侵略者和被侵略者的关系吗？这个思维太简单了。在今天这个时代，简单地从对抗的角度去思考问题是很愚蠢的。一对看似矛盾与对抗的关系中存在很多协作的机会，比如说，在一些纸媒中植入电子媒介，这不光是媒介的结合，其背后是功能的结合。电媒和纸媒之间，各有优势，本身就不是绝对的你死我活的关系，开始是战争，后来肯定会有很多协作的地方，不要仅仅看成对立关系，这对工作是有好处的。

书与科技的时代

面对一个由科技推动的已经被改变了的世界，打破过去的知识结构，并与今天的需求进行重组是非常必要的。在科技时代，销售渠道、生产技术、阅读逻辑……几乎每样跟书有关的环节都有所改变，所以对书的思考和创作不能仅仅局限在页面、图形、开本、装订这些事上，科技力量带来了更大的机会，是全景式的，每一个环节都有特别的深入下去的必要性。

2

“书不是书”

我说“书不是书”，有我自己的观察、经历及切身的体验，就我个人来讲，开始做的几本书不自觉地包含了编辑、策划、设计等环节，也接触了很多很棒的书籍设计师，就像伊玛·布，就是因为做她的书才认识的。慢慢的我发现，书籍设计里面的很多知识，是可以被放大，可以被引用到其他地方的。书籍不光是大家看到的一摞纸装成的一个本，更多的是通过这种结构以及在这个结构上的变化在构建各种内容空间。因为书籍的历史很长，所以积累了很多建立内容空间的知识，其中的一部分可能会随着技术更替自然流失了，但也有很多知识点是继续有效的，或者说通过转化之后在新的平台上继续有效。上千年的书籍设计积累下来，在文化、生活等层面上熏出了人们习惯的阅读方式与氛围。今天的互联网阅读，依然并没有决裂于历史遗留下来的书籍阅读习惯，我没有看见本质性的改变。其实技术发展并不是简单地用新去替代旧，这是技术还没成熟的表现，技术升级迟早会容纳旧的资源，麦克·卢汉就说过，新媒介会包容旧媒介，这是没错的。

阅读空间确实在泛化，很多“书”并不是“书”，比如有个英国设计师 GoldenYoung，他在英格兰西北海岸上的布莱克浦海滨广场上设置了一个 2200 平方米大的“喜剧地毯”，把整个广场铺满了 20 世纪至今的笑话和幽默文字，这个广场变成了可阅读的广场，人们像是站在巨大的书上或者巨大的报纸上，可以行走，可以游玩，也可以阅读。所以说“书”这个观念是可以改变，可以引渡，可以设定，可以延展的。也就是说，书籍设计为人类社会培养了一个非常有价值的东西，就是对阅读的处理，对阅读行为的研究，这个不见得一定得落实在那摞纸上。

还有就是媒介与材料，是不是也可以继续引申呢？引申到

李德庚主编、书籍设计作品
2.《观念越狱》

纸外的空间、纸外的世界中去？同样使用阅读、媒介、材料去传达与结构信息、知识与体验，道理是一样的。思考可以是正向，也可以是逆向的，一方面，你可以把一些本来不属于书籍设计材料的东西引渡到书籍设计里面；另一方面，你可以把书籍概念放大，弥漫在更广阔的天地里面，在更多元的层次空间里去应用与延展，媒介、材料、感觉，其实在哪里都是一样，这个道理是可以延展的，不是一成不变的。

“开放—闭合”空间

书籍是知识媒介，书的开放与闭合，以及它的序列结构，都是靠设计师去处理的。在这个“开放—闭合”的空间很小，人是走不进去的，但在真正读书读进去的时候，人是不存在的，你人已经化小了，钻到书的空间里面去了，真正读进去书的时候肯定是这个状态。换句话说，你再退回来，再大的现实空间以及今天我们常提到的虚拟空间，包括有些虚拟和现实完全拼合在一起的空间里，是不是也是一样的道理？都是在处理信息空间结构、处理开放和闭合的关系。其实书籍设计很大的一个训练就是处理“开放—闭合”的关系以及为信息梳理序列关系，并凝结成一种合理的知识结构。如果你在书籍设计中具备了这个能力，你同样可以把它引申到其他地方去。

书籍设计当然在处理内容与形式。难道只有书籍是这样吗？我个人这几年比较关注城市的话题，比如说敬人纸语就是北京市的一个小的文化空间，以纸和书为主题的空间，这里有活动、书、人、课程等，这个主题空间里也有结构信息、知识、内容，只不过不仅仅是靠图片与文字罢了。这是我从平面设计里学到的，我在我的工作中一直在引用。

知识传播

过去书是文化传播最主要的方式，而今天的方式比较多元。如果你从悲观者角度去想，书不再是唯一甚至不是最主要的传播方式了，书要完蛋了。可如果从一个积极者角度上来想，把在书籍的编辑与设计里面学到的东西应用到其他媒介里去，其实是一种发展，一种进步。而且我一直相信一句话，“信息不等于知识”，今天的互联网在信息传播方面有巨大优势，那是不用回避的，但书的“稳定”和“有限”的结构却在完整地呈现知识上有它独有的优势，至少现在，书与互联网两者是一种阴阳互补的关系，将来也不是谁吃掉谁的关系，杞人忧天根本没必要，阅读媒介之间的交锋很正常，这是发展所需要经历的，至少我不担心。

其实一切都与内容生产与组织有关，书也好，其他媒介也

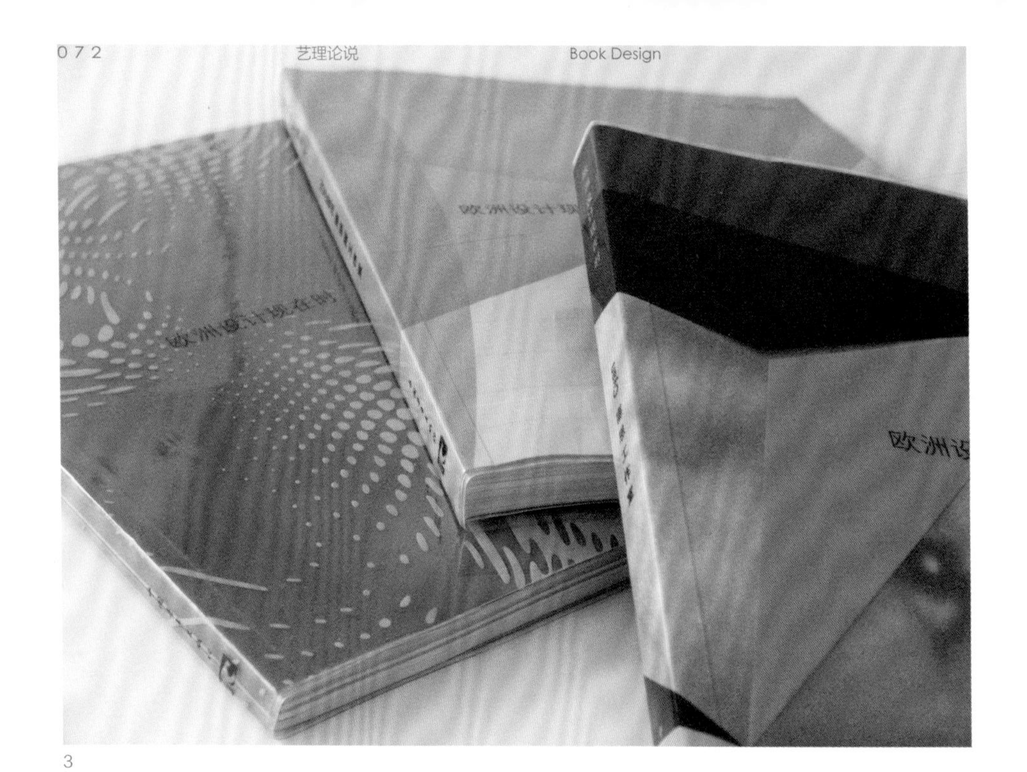

3

好都是。吕老师也一直在传播编辑设计的观念，伊玛·布也是一样。在内容生产中你如果能把生产链打通，意味着你的控制力在增强，这是今天的设计师的自然反应，当你的工作只是在生产链的局部，甚至在末端，你几乎是无法避免的处于弱势地位，或者说随时可能被代替。这个没办法，不是抱怨不抱怨的问题，而是要看清问题，想想怎样去解决它。

剧场

剧场是什么意思呢？每本书我认为也是一个剧场，里面有角色、内容、故事。在建筑或在城市规划理论里面，剧场理论是一个很著名的理论，大家别以为建筑师只是盖房子的，很多建筑思考都是在如何处理新生活的关系、人的活动等。站在我自己的角度，我会看在作为信息空间这里是怎么回事，人们交流的是什么？人的活动是什么？他对信息的要求是什么？可能引起的媒体反应是什么？我看这些东西。做书的时候，我调节章节结构，调节插图形式，调整其他东西等，就像是导演，要导这一出戏，要调动这些资源，一点一点去解决问题。

以具体项目为例，也许有助于理解这么多抽象的概念。1999年我策划、编辑、设计了《欧洲设计现在时》这套书。就是从源点做起，没人委托，想办法自己出，找出版社，找合作伙伴，找西方设计师，采访，收集资料，写文字，编辑，然后设计，把所有事都干了一遍。当时是在20世纪90年代，在中国开始有一些介绍国外设计的书出现，我发现当时都是在介绍国外的大师，一般年龄都至少是60岁以上，这些大师虽然很好，我总觉得体现的是上个时代的经典，跟我的时代不是那么近，这是一个感觉。第二个感觉是，我看了那么多作品图片，也看不太懂。所以我要做一套书，看看西方做设计的年轻人或比我大一些的优秀设计师，他们在干什么，在想什么。这套书一共三本，跟三个不同的德国年轻设计工作室合作。当时我在德国学习，开始用结构的方式来思考问题和做设计，尝试同步解决形式和内容的双重问题。比如其中一本书的设计工作室CYAN常喜欢用丝网印刷，很多细节做得非常棒，所以我把书的第一部分设定为那些海报的原比例呈现，每一个对页都是一张海报裁切出来的，也就是说原来这个海报里的“3”是这么大的话，这个书里是同样大。我想通过这个做法去反映他的设计与印刷的细节处理。因为是原大、丝网印的感觉都在。如果真把海报放在一页上，那细节就都没了。一般的设计书，作品边上都应该有作品名、作者名、创作年月等，我什么都没放，只有一个页码在边上，而且左右页只有一边有页码，另一边还没有，把信息压缩到最少。整个书的检索就是通过页码，但不是通常的方式，因为这是在书中间的一个部分，连每个部分的标题都是用页

4

李德庚主编、书籍设计作品

3.《欧洲设计现在时》

4.《设计生成》

码做标题，而不是用项目做标题，因为我想让页码跳到整个书的结构的最外层部分，也就是成为这个书的最主要的链接部分，因为前后需要靠这个衔接，所以页码的字体、大小都跟书里的是完全统一的，前后都是串联起来的，整个书的后半部分才是设计的，比如说一本书是一页一页的排列序列，去通过这个方式去呈现，这个部分呈现的是他们设计的结构，前一部分是细节，而且中间的文字部分通过页码进行双重链接。另一本书里，这个工作室在德国也算是非常逻辑化思考的，强调设计总是一个具体内容的翻译，一种视觉的翻译。我就想能不能用一种结构的方式来把他们这么逻辑而强烈的概念呈现出来，所以全书就是一个节奏：一个对页是彩色来呈现作品，接下来一个对页是黑白来呈现背景信息，从第一页到最后一页全保持这个节奏，等于是每四页介绍一个项目，全书都是如此。印刷的时候，一面是单色的，另一面是四色，还可以节约成本。

社会能量 / 展览

2008 年、2009 年我和一众好友一起做了一个项目，叫“社会能量”，关注的是荷兰平面设计的多面性和社会介入。我做事一般都会思考出发点在哪里。我们一般看到的展览都是一些设计作品的展览，然而设计里面有那么多的原因和故事往往是我们不知道的，因此这次我想用文献展的方式去做设计展，这样内容的厚度就比较大了。我有一个习惯，就是做事之前喜欢从结构开始，这可能跟在德国待久了有关，我在德国待了将近 8 年，所以多多少少会有点德国劲儿。在展览中我选了 11 家设计工作室，在梳理了他们的思维角度之后，给他们每一个起了个有点像中国成语的名字，为的是观众能直接以设计思维的角度来看这个展览。通过分析，把从最注重视觉表现到最注重概念思考的进行排列，把它变成了展览中的流线的设定。观众可以从

5

李德庚策展作品

5.6.7. 社会能量

6

Authentic/ Ex-centric
Foundation International, 1999
彼得 布莱克
Peter Bilack
223 Dance for print
224 Dear Reader
225 Dot, dot, dot
226 Due a Due
227 E
228 Fontshop Benelux Advert
229 Graphic Design in a White Cube
Desert Cities – Aglaia Konrad
254 End of Mouth - Yael Davids
255 Entities / Entiteiten
256 Fragile Kingdom
257 From Green Glass to Airplane
– Gabriel Orozco
258 Gastprogrammering Het Muziektheate
259 Heralded as the new black
– Ryan Gander
260 Het museum als plek voor ideeën
– Rutger Wolfson
261 Hover Hover
262 If / Then
263 Kiss and Shoot
– Emmanuelle Antille
264 Liquid Archive
265 Los Amorales – Carlos Amoraleso
296
297
298
299
300
301
302
303
304
ROOM
086
088
089
091
096
083
084
094
090
097
099
100
SKIP INTRO

7

李德庚策展作品

8. 北京国际设计三年展“混合现实”展

最视觉走向最概念的展区，也可以从最概念的走到最视觉的展区。因为要做文献展，所以要想办法呈现设计背后的草图、故事等，所以借用了“图书馆”或“文献馆”的模式，在展览中心起着一个集线器的角色，跟每一个设计工作室的设计都可以对接，图书馆是展览中的一个共享空间，就像城市公共空间一样。这个展览完全是自发的，没人委托。我只是想把这件事干好，让大家知道设计背后的故事，让大家通过了解荷兰设计，在荷兰社会的角色去反思我们该怎么做。我自己也意识到不同设计在不同国家扮演的角色并不完全一样。在这个项目里，我进一步加强了自己的主动设计意识，也就是说，设计这事不一定要靠委托才能干。我现在掌握了很多这种诀窍，很多设计都是从自己开始，而不是从客户那来。

后来我在上海做了一个展览，也跟荷兰有关。叫“设计的立场”，关注设计师的态度和价值观如何影响他的设计，邀请了来自中国、荷兰的四个领域，建筑、服装、产品、平面设计的 8 个人来参加。中国、荷兰也各有一个摄影师去拍的两个国家城市的都市化的照片，反映国家的城市面貌，在展厅中就像小溪一样到处流动，每一个设计师的部分就像小岛一样。我们尽量做到极简，在这个空间里没有增加任何材料，连设计师的名字都是通过腐蚀直接做到这个板上。我觉得做展览跟做书没有本质的区别，其实都是主题空间和信息空间，可能展览更重体验，书更适合阅读一些。但都跟阅读、信息、体验相关，都是解构知识，组合知识、观点。书是眼睛带着人在页面空间之间流动，展览里面是人自己带着眼睛在流动，两者没有本质的区别，但也各有所长，就像纸媒和电子媒介一样。

2011 年在国家博物馆做的北京国际设计三年展“混合现实”展，这是跟一个瑞士建筑事务所合作的。就像做书一样，我们先做了一个空间的流向，跟书做一个结构顺序是一样的道理，展览空间是空白的，书的空间（纸）也是空白的，要你自己去结构他的流向。用筷子是建筑师的主意，通过它能够堆积成我们想要的样子，既是墙，又是展台，能起到隔离的作用，但又不是全部隔离，有点透，筷子结构上可以上长的纸条，也就是展品说明，一面是中文，一面是英文，卷在筷子里面，这是适合这个空间的文字信息呈现方式。

平面设计死了吗？

我曾编写过一本《平面设计死了吗？》（合著者蒋华、罗怡），出版后引起很大争议。我愿意去面对这个时代带给我的东西，好也罢，坏也罢，整本书是 52 个主题下的多边对话，但这些对话都是虚拟的，没一个真正发生过，但里面每一句话现实中的那个人确实说过，比如吕老师说了

8

9

李德庚策展作品

9. 北京国际设计三年展“混合现实”展

10

一段话，插在里面，拟似跟库哈斯在说话，说的是另一件事情，连起来像一个对话，但是是一个虚拟对话，根本不存在。我把每一个主题都当成一个柜子一样，把这些东西都放进去，大家来看这种关系，或者看不同的观念，很多人以为这是真的，但这不是真的，我在后记里提到了这个事，可能很少有人注意到。这本书我认为最有价值的就是封底，就是这 52 个主题的罗列。这是 2009 年、2010 年的事，我对与当今平面设计的一些问题的担忧以及需要讨论的一些话题，丢到社会的大范畴里，从各个角度来反问平面设计，每个话题都有一个核心的思维角度，举个例子，其中一个话题叫“疯牛病”，听起来奇怪吧，这个说法来自美国一个平面设计师 Michael Rock，他自己的文章中曾提到，如果一个国家的设计师们总是从他的前辈那里吸取营养成长的话，会带来巨大的风险，就像前几年欧洲流行的疯牛病，疯牛病的病因是什么？就是牛死了之后，肢解后拌到饲料里面，去喂其他的牛，后来基因变化产生了疯牛病。他提出了一个警告，设计会不会也产生疯牛病？这是其中的一个话题。还有一个话题是“错误的答案”，主要是在讨论设计是不是一定要提供正确的答案？现在我再看书里的内容，就觉得内容还不够全面，但这些话题本身还是值得继续去思考的。

结语

我在德国求学时的老师吕迪・鲍尔是学建筑出身，学校里他的工作室叫系统设计工作室，但他的设计思维基本上是平面的，但不是传统的平面设计思维，我自己的结构性思维模式在很大程度上是来自他的影响。我去欧洲前在中国学过设计，但我现在的思维体系是从到欧洲起重新建立

李德庚策展作品

10. 北京国际设计三年展“混合现实”展

的，从在吕迪·鲍尔班里学习开始的。今天，我有了自我学习的能力，我每天都在学习，能找到一种自我成长的方式，这才是一个健康人的状态。

当一个伟大的古典时代过去，一个变革时代来临的时候，最需要被设计的正是设计本身。我们每个学设计的人，都在想如何成为一个好的设计师，但是当你在想到这句话的时候，其实大脑里面已经在拷贝某一个影子，已经在浮现什么样的设计是伟大的设计，是正确的设计。这是个可怕的梦魇，会严重地侵蚀你的大脑，让你觉得好的设计就是这样的。当我看到生活中太多设计之外的其他变化，让我意识到，在一个快速行进的时代，真正需要被改变的是设计本身。通过对设计本身的改变，去改变设计对于这个时代的意义以及去激发出更大的价值。读懂时代是很重要的，你就能心中明了自己该怎么做。现代主义是一个非常伟大的工业时代，大家现在对现代主义的评价是革了古典主义的命。今天很多人认为是后现代在革现代的命，但我一直有所怀疑。前段时间受到中国社科院一个哲学家叫赵汀阳的启示，他认为全世界现在真正去改变现代主义的不是后现代，而是城市化，大家总认为这两个观念不相对，其实这两个观念是呼应的。之前给大家讲的网络协作、做主动设计等都是联系起来容纳在这个概念里面，我希望在我个人创作里面，在我个人工作里面，去改变的是设计本身，通过改变设计本身，去改变设计结果。

我现在正在做的最重要的一件事就是把我的设计思考、职业思考、人生思考、世界观思考合到一块去，不是割裂的，这是我最欣慰的一点，能够持续地把这个贯通性走到我生命的终点，那我这辈子不会后悔干了这个职业。

艺理论说

装帧与书籍设计是折射时代文化的一面镜子
——日本书籍设计进程与杉浦康平

臼田捷治
(日本著名设计评论家，日本装帧史、日本书籍设计史研究学者)

1943年生于日本长野县，毕业于早稻田大学第一文学系。长期从事编辑工作，任《设计》杂志(美术出版社)主编。目前在文字文化以及平面设计领域从事写作活动，兼任(日本)女子美术大学讲师。著作有:《装帧时代》(晶文出版社)、《现代装帧》(美学出版社)、《装帧列传》(平凡社)，以及与他人合作编写的《日本的书籍设计1946—1995》(大日本印刷)等作品。2004年在“疾风迅雷——杉浦康平杂志设计的半个世纪”大展中任总监。

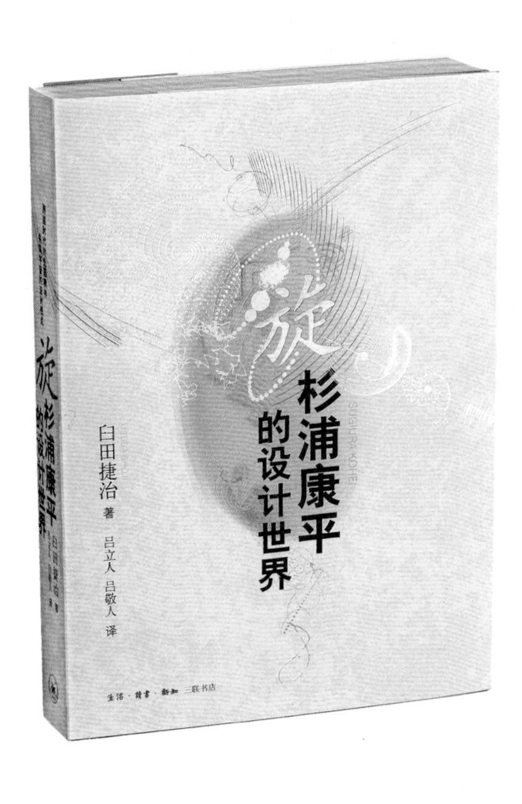

1.《旋——杉浦康平的设计世界》
臼田捷治 著 吕立人 吕敬人 译

日本在进入近代文明之前的江户时代，书籍文化活动也非常兴盛，尤其在江户以前的战国时代，统一了国家的丰臣秀吉入侵朝鲜，将朝鲜的铜制活字带回日本，其结果是日本模仿铜制活字而改用木质活字来印制书刊盛行一时。其后开创江户时代的将军德川家康下令全国恢复使用铜制活字印刷书籍，活字印刷成为江户时代早期的主要印刷手段。这种活字印刷技术直至 17 世纪初方告结束，之后又恢复了木雕版印刷，由于雕版内可注入汉字和插图，图文可自由自在地共同相处。针对普通老百姓的阅读爱好，将“图”与“文”巧妙地结合，构成图文并茂的生动版面，流行于书市坊间。

到了江户时代的末期（1850 年起），随着欧洲传入的金属活字印制技术影响，至此真正成为日本近代印刷的主流。

欧洲：装帧是一门专职的行业

在欧洲出版发行带有装帧的书物维持不久，印刷者只管将印好的“折本”（印张折叠后的书芯）交给中介出售，买到书芯的读者根据自己的需求再去委托专业的装帧家将其装帧成一本完整的书，这一习惯保持了很长的历史，为此，欧洲的装帧者与其说对印刷字体、插图等制版的好坏状态仅关注在普通的水准上，倒不如说更在意书衣外在的装帧良莠水平。

最早开始尝试书物装帧后再进行销售的方式始于 19 世纪的英国，日本采用此种方式是 1868 年明治维新之后，为了促进活字印刷洋装书的出版发行，那时展现了丰富多彩的装帧文化。日本人非常喜欢华丽的具有装饰感的装帧，其源于日本审美背景中喜爱“包装”的文化习俗。它分别反映了日本固有的“爱美”嗜好和审美意识，至今看日本版和中国版的当代人气小说家村上春树的书，两国装帧的区别一目了然。

装帧与书籍设计是反映时代文化的一面镜子

在日本，把外包封、封面与函盒等外在的设计称为“装丁”（装帧），而将书内的文字表达为起点而涉及书籍全部的设计称“造本”，也称为“书籍设计”。将从事前者工作的人称“装帧师”，后者为“书籍设计师”，两者的区别也在于此。

鲁迅

夏目漱石

日本早期的小说家和诗人对装帧显现出极大的兴趣，如夏目漱石（1867—1916）、狄原朔太郎、室生犀星、谷崎润一郎等都是自己动手进行装帧，基本上都是为自己的作品而作。

鲁迅（1881—1936）是中国最具代表性的平民作家，而留学英国学习文学研究学者，后成为日本平民作家的夏目漱石（鲁迅在日留学时非常喜爱读夏目的小说，两个人的面相也十分相似）。夏目与鲁迅热衷美术一样，对中国画和书法的兴趣也很浓。漱石的笔名取自中国的名句："漱流石枕"。他为自己装帧的小说有好几本，其中一本《心》（1915）其字体为中国秦代石刻的古文字，即现藏于北京故宫的"石鼓文"，可见夏目在中国文化方面的造诣。

夏目漱石早期的文学名作《俺是猫》（1905）的封面由版画家桥口五叶装帧，中村不折插图，版面设计也经由活字印刷技术的发展，装帧选择与传统"和本"（实际上是从中国传过来的传统制本方式）改成由西方传入的洋装本，也可以看出当时为了更方便阅读的文字版面和装帧形式，做书人不断摸索而显现的设计成果。为了方便活字印刷，将插图与文字版面做明显的区分，插图作为独立的部分成为当时的一大特征。 桥口五叶为夏目的其他作品做了不少装帧，也反映出当时日本流行的"阿奴夫"模式。那时的装帧者均由画家及版画家来担当，在日本人心中有很高位置的画家小村雪岱，日本风情浓郁。还有 1928 年回国，旅法师从丘比姆等人学习西洋画的东乡青儿等都是装帧群体中的佼佼者。

日本书籍装帧的特点，一方面由美术家带来的富有华丽的装饰主义影响，另一面也有与此相反的简约之美的追求，装帧师们在这两个截然不同的风格中左右摇摆。比如在日本建筑风格中，如有豪华富丽的日光东照宫，也有朴素简约的京都桂离宫造型。后者的代表者是野田书店这种小出版社，他的出版物的装帧均显精巧质朴特征，如社长野田诚三装帧的《神圣家族》（1936）。

曾在北京等地开过个人展，在当代日本的平面设计界具有代表性的设计家原研哉（1958 年生人）设计的许多书籍就是属于简约的风格。

出版文明的启蒙带来了《书籍设计》新课题

最早对装帧进行综合性理论探讨的人是版画家也是装帧家恩地孝四郎（1891—1955）。他的代表作是由诗、相片、版画综合组成的，著作有《飞行官能》（1934），文章为横

3

5

2. 夏目漱石装帧《心》（1915）
3. 桥口五叶装帧《俺是猫》（1905）
4. 桥口五叶装帧《鹌鹑》（1987）
5. 小村雪岱装帧
6. 东乡青儿装帧
7. 恩地孝四郎《飞行官能》（1934）

4

6

7

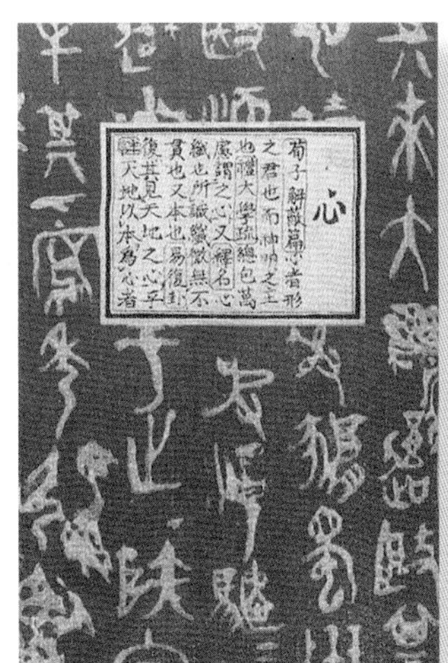

2

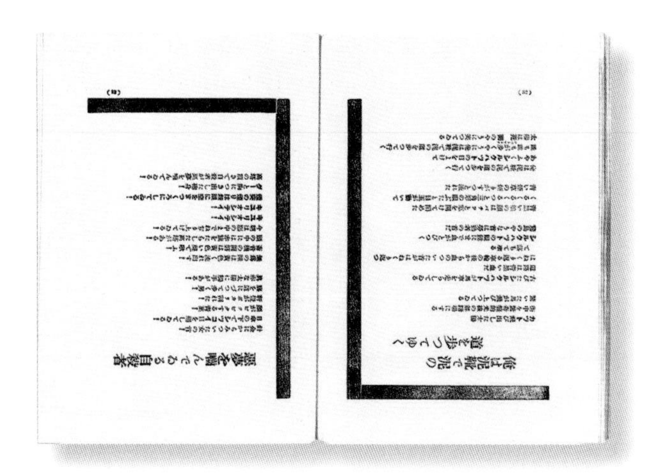
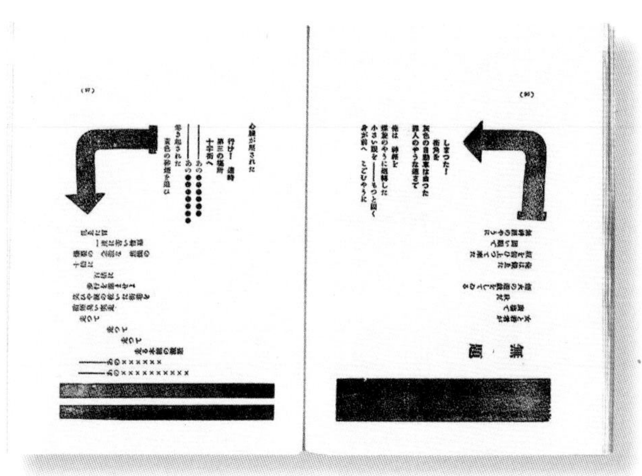
8

排，图版多用照片，也反映出他受德国包豪斯及俄罗斯构成主义的影响之深。恩地孝四郎宣布：书是文明的旗帜，详细论述了从活字字体到文字的排版，用纸的材质以及从印刷油墨到制本（书）看法。他说：“书是以人的精神而活着，她也是一种活生生的生物，设计就使这生物更鲜活、生动，它的作用很大。”充分体现了这位设计家的使命感。

8. 荻原恭次郎设计的《死刑宣判》（1925）
9. 栋方志功装帧
10. 北园克卫主持的《VOU》杂志
11.12. 北园克卫装帧

关于版面设计，前面提到的《俺是猫》是属于比较和谐和安定的设计形式，而之后日本面临大胆颠覆式的设计挑战，那是在1920年出现的受法国虚无主义及意大利未来派影响的这批人，其中典型的一例是荻原恭次郎设计的《死刑宣判》（1925），设计中既有直排又有横排，文字既采用仿宋体，又采用欧式粗体字，这也许与《死刑宣判》出版的两年前关东大地震（1923）有关，当时全社会都处于混乱与迷茫之际的缘故吧。这也是学习未来派代表者马里奈蒂（F.T.Marinetti）对装帧进行挑战式的尝试吧。马里奈蒂提倡的“印刷革命”中说：“印刷革命的起端，对所谓的书物，我们必须表现出未来派的思考——无限想象力和自由状态语言的宣言。不仅如此，我的革命就要批判书页中的所谓调和，这种调和与书页上流动的文体内的沉浮、跃动、爆发所格格不入，为此，在同一页上使用三四种颜色的油墨印刷，甚至必要的话还会在同一页上使用20种的字体。”

9

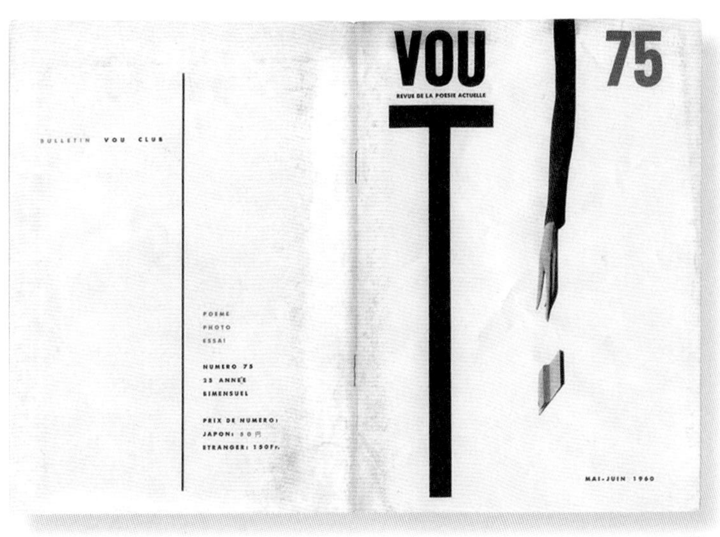

10

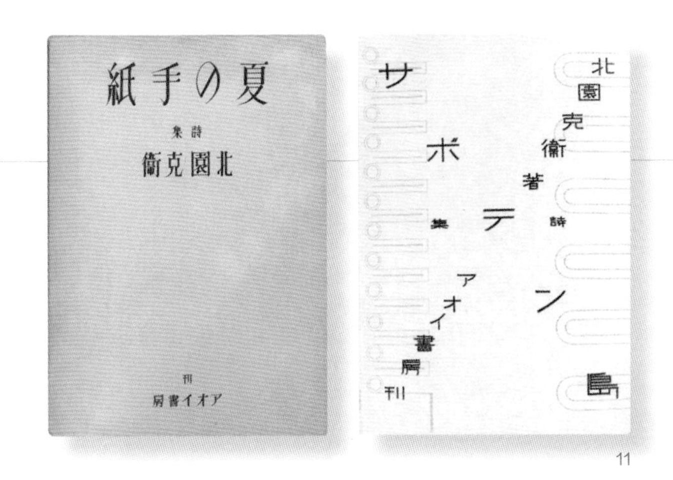

11

平面设计家的参与和将装帧的重心向重视版面的设计转移

1945年日本“二战”投降后，为谷崎润一郎做装帧设计的版画家栋方志功成为主要的美术家担当者之一。

在深受虚无主义影响的前卫派诗人——北园克卫（1902—1978）便是战后设计界最为活跃的其中之一。北园的设计受到现代主义发源地的德国设计学校——包豪斯的影响，他具有敏锐的目光和视野。当时他主持《VOU》杂志的设计，北园对图片质量的高度关注并将其进行各种富有创意的组合，形成出人意表的独到的版面效果。他比杉浦康平年长30岁，也是杉浦心目中的崇拜者之一，杉浦年轻时曾受到他不小的影响。

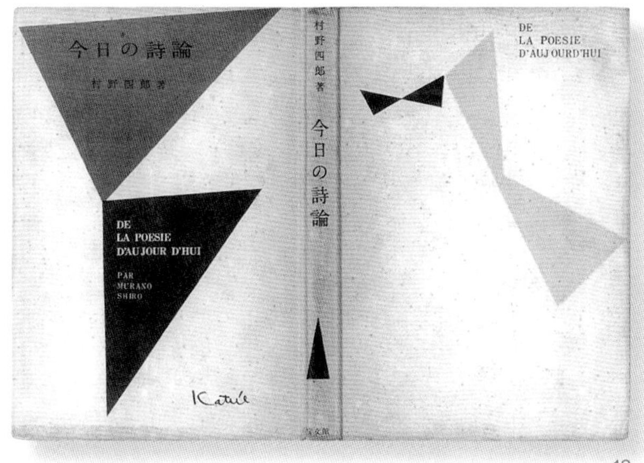

12

从20世纪60年代起，由平面设计师渐渐转向书籍整体设计的风气越发显著，对由画家担当装帧的平板单一式设计的批评之声多了起来，而对书籍具有设计性的要求也趋迫切，而且在出版物中将视觉语言交流的概念作为设计的主要角色则越来越显现其重要的位置和作用。注重文本字体构成设计的原弘即是其中的代表，他运用现代手法成为一位书籍设计的开拓者，杉浦受其影响颇深。以原弘与龟仓雄策为前辈，在当时新生代中栗津诘、杉浦康平、胜井三

日本の限定本
駒井靖次郎著
日本の限定本 ※ 駒井靖次郎著
TEMPO
TEMPO
TEMPO
12345
12345
12345

13

15

14

13. 芹泽介装帧《日本的限定本》
14. 小穴隆一装帧《夜来的花》
15.《机器和艺术的交流》
16. 神原泰装帧《电气人形》
17. 小村雪岱装帧《粧蝶集》

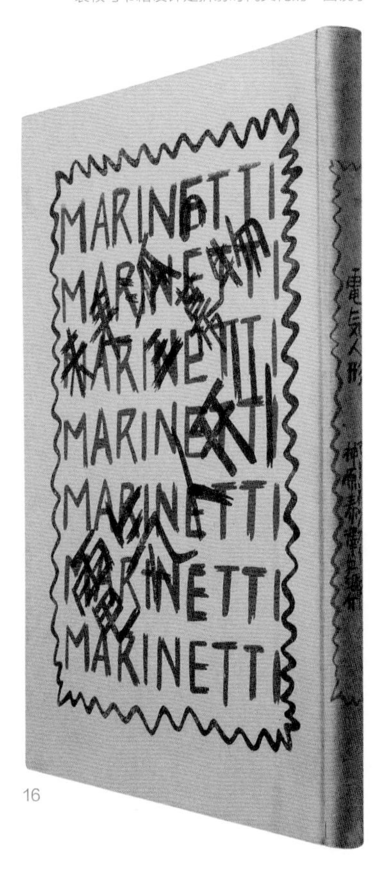

16

17

世界文学全集 42
ショーロホフ
静かなドン I
横田瑞穂 訳
OKHOV
河出書房新社版

18

大江健三郎
万延元年のフットボール
万延元年のフットボール

19

20

山猫の遺言
長谷川四郎
山猫の遺言
長谷川四郎
晶文社
山猫の遺言
長谷川四郎
晶文社

21

18. 原弘装帧
19. 栗津诘装帧《万延元年的足球》
20. 横尾忠则装帧《游手好闲的流浪者夜太》
21. 平野甲贺装帧

雄、横尾忠则、平野甲贺等新人辈出。

栗津诘的代表作是为诺贝尔文学奖获得者大江健三郎设计的《万延元年的足球》。

横尾忠则以画插图为手段，他为柴田炼三郎小说《游手好闲的流浪者夜太》做书籍设计（1975），既有早期江户时代书籍图文兼备的风貌，又与现代书籍设计中寻求急速改变的现象相呼应，彰显出自由奔放的个性，引人注目。另一位具有丰富独立创作意识，以手写字体做书籍设计闻名的平野甲贺也相当活跃，他的风格一直持续至今。
1953年平面设计家龟仓雄策《装帧谈义》（中部日本新闻）中写道："画家做的装帧除了有相当造型眼光，一般人是难以做好的，但这么做装帧的人还是不少。仅依靠自己的画作为封面，在封面中央放置一小块作品，在适当位置上排列文字交给出版社算了事，这种现象很多。

"装帧诚然应该与包装一般用立体三维的思考进行设计，这是理所当然的。但实际上那些只讲究平面装帧形式的作品还是很多，对持有这种墨守成规的画家们所做的装帧尤其令人反感。没有将书函、书盒、封面、环衬、腰带、文本这一系列统一来设计，就不可能成为贯穿流畅于书籍形态中的时间效果，没有了这些难以称作优秀的造本（书籍设计）作品。（中略）书籍设计应在文学性上、哲理性上给设计带来新感觉的方法论，既符合著作者的品位，又能引起读者的共鸣，如果这种由设计者来独立完成的理念得以实现，则将要在装帧界开拓出一个崭新的世界。"

杉浦康平开拓日本书籍设计崭新的世界

杉浦在日本设计界是一位标志性的人物，他是具有独创性造型思考的带头人，是那个年代设计界的一面旗帜。也许创造力的源泉来自他具有非凡的想象力与感知力，还有睿智与超乎寻常的热情，以及对人的深深关切。
他生于1932年，他敏感的少年时代正是太平洋战争和日本战败带来的混乱年代，那时正逢价值观急剧变化而又深感迷惘，但尽管如此，他仍拥有对时代强烈的批判精神，以及对美追求的自信丝毫没有动摇。
超越半个世纪，以书籍设计为使命，东京艺大建筑系的学习和自小对音乐的浓厚兴趣，铸成了他建筑的理性思维融合音乐的感性创想的艺术人生！
杉浦并未接受过平面设计专业教育，但他把学习放在印刷工厂，常常频繁往来印刷现场，到设计最终的着落点学习印刷中的各种知识和案例。凭借充沛的吸收力，他便会提出许多合理的改革与新工艺的实验方案，使印刷业者也惊

22

叹不已。印刷厂社长也会特意去杉浦事务所请教，留下许多逸事让人至今难忘。

20 世纪 50 年代后半期至 60 年代，平面设计时代迎来了从未有过的兴盛期，也是人才辈出的时代。其中富有才华和预见力的领头人杉浦也崭露头角。原来由商业宣传支配的日本设计领域，杉浦彻底地与之分道扬镳，而开启非广告性的视觉艺术设计之风。那时他以抽象几何图形组合法创作的音乐海报及封套，开拓了前所未有的设计表现世界，他的贡献实在是功不可没。

22. 杉浦康平海报设计
23. 杉浦康平《印》
24. 杉浦康平《井上有一全书业》

另一个重要贡献方面是在视觉信息设计中担当起重要一翼，将视觉信息图表在我国落地、开花、结果。他设计的《时间轴变形地图》以旅行时间作为坐标轴展现了“动态地图”这种崭新的概念：这是从东京、大阪等大城市到达全国各地的时间的可视化地图，清晰表明日本列岛上地域距离与其时间差别的戏剧性的展示，并以此为突破口，只要有可能杉浦绝不放弃不断地制作这种视觉化信息图表的探索机会。

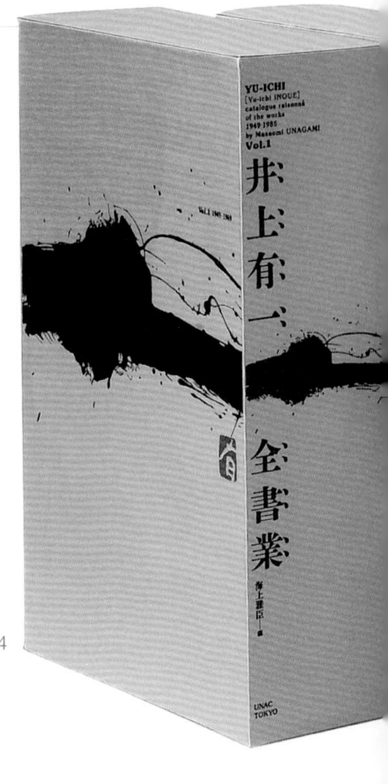

24

因杉浦对处于普遍造型语言领域进行的前瞻性挑战，引起了当时西德设计界对他的关注。1964-1967 年间杉浦两次被德国乌尔姆造型大学聘为客座教授，这所学校继承了包豪斯的教育指导理念，而且在这“现代主义”的发源地的

23

季刊「銀花」1970 第一号 春
特集 染色・日本の民話
特集 現代の良寛——帰庵さんの人と芸術
本号の主な内容

25

episteme
fluctuation
構造変動
i-stēmē
epistrophe
Foucault
死の閾

26

25. 杉浦康平杂志设计《季刊银花》
26. 杉浦康平书籍设计《真知丛书》

教学体验过程促成了他艺术观念的一大转变，在那里唤醒了他作为潜藏于血液内的亚洲人的审美意识。

这种新转变可举富有代表性的一例。在作品《SD》杂志的特辑封面，将文本内容放了上去，杉浦认为“封面即容颜”，潜伏在书体内的东西总会在脸上表现出来，他引用了东方式的“面相”原理，开始具有挑战性地从汉字文化圈固有的宋体中排列组合出“文字造型 ”美。以“封面即容颜”的概念，在《SD》杂志中，文章文本为横排，封面也是横向排列，《季刊银花》内文排式为竖列，封面则为直排，内外统一，相互呼应。

20世纪70年代，杉浦正式全身心致力于书籍设计艺术

杉浦全方位地关注亚洲，缘于1972年联合国申遗组织的派遣，赴亚洲考察，从此决定了他的亚洲图像研究进程。由对亚洲的感性认识，从汉字文化圈规范的字体——宋体字的直排到有节奏变化的多元排列，在《季刊银花》封面上得到了充分展示（1970年创刊至2009年，杉浦为该杂志连续不断设计了39年）。宋体在日本的出现，可追溯到中国唐代。欧阳询、颜真卿、柳公权等书法大家形成了楷体，长期演变成为木板印刷用的字体，使读者容易读写而成，以后又因金属活字发展成活版印刷。日本受到中国书写文化所赐受益匪浅。

我国最早引入的宋字体为京都宇治，黄壁山的万福寺的《铁眼一切经》。万福寺是从中国福建省来日的隐元禅师（1592—1673），于1661年开创了黄壁宗的大本山，是中国风格的寺院。“铁眼版大藏经”是隐元住持的明代《万历版大藏经》由日本铁眼禅师（1630—1682）在江户时代前期复刻的。

杉浦以往因受欧洲现代主义影响，对黑体字很喜爱，但当东亚汉字文化引发了杉浦对汉字美的意识的回归，加上曾在乌尔姆大学的教学经历，更感悟到宋体之美的精华，就如《季刊银花》的设计那样，封面中文字为直排形式，并结合了日本书写文化的独特性。

在20世纪70年代之后，杉浦致力于书籍设计的深入研究，并洞察到书籍的三度空间，恰似建筑设计一般，不仅只是包封和封面的表面文章而已，而是以内文文字排列组合作为起点的书籍整体的全方位展开，甚至对书口也不放弃。如《全宇宙志》（1976）的书口设计，从左翻起，或从右翻起会呈现出不同的图像，传递不同的信息，并使视

27. 杉浦康平书籍设计《全宇宙志》（1976）

28.29. 杉浦康平书籍设计《传真言院两界曼荼罗》

27

28

29

30

觉得到冲击式的感受。

如今由于使用电脑排版（DTP），从文字内容编排着手设计已成为普遍的常识，而在那个时代，要涉及文字内容的设计可是出版社的神圣不可侵犯的领域，而学建筑的杉浦正代表了新一代充满勇气的挑战者，且不能忘记，这对同一代甚至下一代的设计师来说产生了不可估量的影响。

杉浦以数理方式来完成出自西方但又适用于东方汉字竖排的网格系统。有个很典型的例子，他为哲学杂志《真知》做的版面设计，以 8 磅活字的倍数设计出杂志的规矩尺寸，逻辑理性是杉浦一贯的风格。

杉浦的图像学研究是将亚洲智慧结晶的曼荼罗作为基础，其起端是通过对《传真言院两界曼荼罗》的设计，由两界曼荼罗的《胎藏界》与《金刚界》的对称结构，联想东西、阴阳两界对比，构架西方精装式和东方经折式的两对书籍形态，还有两幅挂轴组成了壮观的双重构造，设计显得恢宏而深沉。杉浦在 20 世纪 80 年代举办的《曼荼罗的出现与灭亡》展及《亚洲的宇宙化》展，开始致力于介绍亚洲传统文化，引起强烈的反响。同时以中国京剧院访日公演，作为开锣大戏，由杉浦制作的大量海报与介绍手册，凸显了鲜明的亚洲世界观。而且以汉字文化圈共有的木版传统印刷版面为基础，展开了一系列别开生面的新尝试。

31

30. 杉浦康平书籍设计《井上有一织梦录》
31. 杉浦康平书籍设计《文字的宇宙》
32. 杉浦康平海报设计
33. 杉浦康平亚洲艺术海报设计

32

33

掌中飛舞
息もつかせぬ立ち廻り、あでやかな隈取りと衣裳。天空を貫く銅羅の音。伝統京劇が人形の中に甦える。
出演・台北布袋戯団「小西園」
一九八五年七月十七日(水)・十八日(木)

34

京
劇

35

クリヤッタム
「インド祭」サンスクリット古典舞踊劇
Festival of India
Kudiyattam
Classical Sanskrit Dance-Drama of India

36

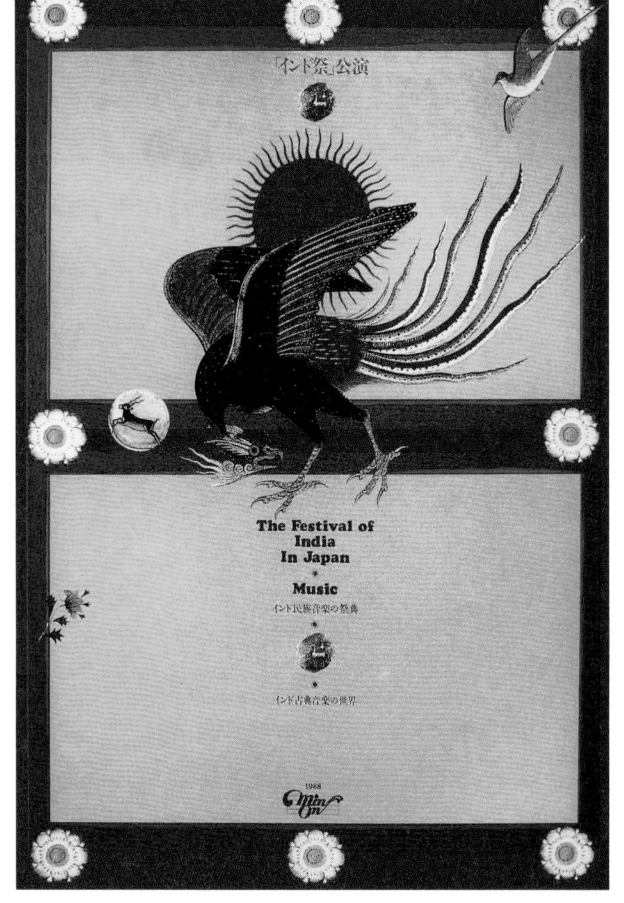
「インド祭」公演
The Festival of India In Japan
Music
インド民族音楽の祭典
インド古典音楽の世界
1988
Min-On

37

38

34~37. 杉浦康平亚洲艺术海报设计
38. 杉浦康平著作《造型的诞生》等
39. 杉浦康平著作《多主语的亚洲》

39

1980年以后，杉浦在研究亚洲图像学的成果方面实在值得大写特写……

他专注于寻找泛亚洲文化共同的根，致力于策划介绍亚洲传统文化的各种展事，为《万物照应剧场》为主题的系列不断地出版了各种读物。在这些展会设计、图录及本人著作的书籍设计艺术中，无不反映了亚洲传统特有的世界观。将偏重于欧美影响的日本，不断催生其回归亚洲传统的审美价值意识，他可谓功不可没。

最后，想说明的是，尽管杉浦并不喜欢随设计界的大流，行事低调，显得孤高独行，但他对人类文化广泛的包容性，以温暖敬重而富有情感的目光面对着亚洲人精神生活的根基，从而获得了包括印度在内的各国设计精英们深深的信赖。

（根据臼田捷治先生2013年9月在雅昌艺术中心的演讲整理）

半生岁月真拼命 万种书刊尽画皮

——著名书籍设计家吴寿松访谈录

吴寿松　韩湛宁

受访者：吴寿松　访问者：韩湛宁

受访者：吴寿松
访问者：韩湛宁
访谈时间：2013.8~10
访谈地址：北京

吴寿松，笔名瘦松。1930 年生，福建福州人。

1950 年进北京师范大学美术工艺系学习。1953 年至今，任外文出版社美术编辑。中国美术家协会会员。北京市西城区第七届、第八届人民代表。1982 年应邀访问澳大利亚，出席 1981 年度全澳书籍装帧优秀作品发奖大会。30 多年来，为大量的外文版的党和国家领导人的著作、政治理论、文学艺术等各类图书和画册做装帧设计工作。代表作品有：《毛泽东诗词》特装本、《毛泽东诗词四十三首印谱》《周恩来选集》《邓小平文选》《儒林外史》《红楼梦》《汉魏六朝小说选》《关汉卿杂剧选》《中国小说史略》《从皇帝到公民》等。曾多次参加国内外书展，获奖作品有：

《红楼梦》（英文版）获 1979 年全国书籍装帧艺术展览整体设计奖；并获 1981 年外文局外文书刊装帧优秀作品整体设计一等奖。

《茶馆》（英文版）获 1981 年度全国书籍装帧优秀作品封面设计奖；并获 1981 年外文局外文书刊装帧优秀作品封面设计二等奖。

《从皇帝到公民》（德文版）获 1981 年外文局外文书刊装帧优秀作品封面设计一等奖。

韩湛宁，设计师，汕头大学长江艺术与设计学院教授、硕士生导师，中国出版协会装帧艺术工作委员会常务委员，深圳亚洲铜设计顾问有限公司创意总监，曾任深圳市平面设计协会秘书长、“平面设计在中国展”执委会秘书长等职。设计作品曾在国内外获奖数十项，曾参加英国 V&A 博物馆“创意中国”展等多个重要国际展览，作品被多国博物馆收藏。近年亦致力于设计写作，撰写设计专栏等。

福州少年
三考大学
北上求学
始做装帧
儒林外史
主席诗词
诗词印谱
红楼画梦
曾经浩劫
诗韵青山
装帧情谊
中国气质

"半生岁月真拼命，万种书刊尽画皮""曾经浩劫难为鬼，除却牢骚不是诗"，这是著名书籍设计家、原外文出版社美术编辑、编审吴寿松的自嘲诗。尽管自谦自嘲，但也是他大半生的真实写照。从1953年工作以来，认真拼命，创作了诸如外文版的《儒林外史》《红楼梦》《毛泽东诗词》《茶馆》等大量的优秀书籍设计作品，赢得众多殊荣；另外，他业余时间还创作了大量的优秀诗词，其诗才敏捷、诙谐幽默，常常妙语连珠，戏谑几乎无所不在；也在运动中几次下放、历尽磨难，回忆起来却笑谈而过。他自嘲自己"名牌大学三家混，正式文凭一纸无""高官大款无瓜葛，寒士名流素往来""诗坛厮混充风雅，画苑沾边挂姓名"，其书房取名为"三未书屋"，即"党未入、官未做、财未发"。这些诗句虽戏谑自嘲，却也构成一幅生动的吴寿松自画像。

访谈现场

福州少年 >

韩湛宁：吴老师，您好，您一直做外文版图书的设计，出版界之外了解您其实不是很多，但是《毛泽东诗词》《红楼梦》等还是被很多人熟悉的。我这次希望您能从您自己，以及作品一起谈谈。我想从您的故事开始谈起，比如说从小您的家庭、童年的一些故事，跟艺术的关系。

吴寿松：我是福建福州人，原籍是晋江。1930 年 6 月 1 日生的，那天正好是端午节，五月初五。我祖父、父亲都是菲律宾华侨。他们在那里打工，勤俭吃苦，慢慢地做起了生意，到我祖父的时候，家境好了一些，在福州家里有房子。我父亲是在国内生的，后来去了菲律宾，在菲律宾赶上第二次世界大战。他是 1944 年 12 月我 14 岁时去世的，在海边被日本鬼子打死，还不到 40 岁。

韩湛宁：那您童年的时候父亲一直在菲律宾？您受他影响多吗？

吴寿松：我上小学的时候见过父亲。1937 年卢沟桥事变的时候我父亲就去了菲律宾，再没回来过。我从小就跟祖母、母亲还有两个妹妹，5 口人，家里的主力就靠我母亲。家里就我是唯一的男子汉。知道家里没有靠山，我从小就有一种个人奋斗精神。

韩湛宁：其实这个特别重要。个人奋斗，得靠自己。那父亲或祖父他们对艺术、绘画有没有热爱，并影响了您？

吴寿松：有，我父亲喜欢绘画，我从家里他留下来的书本里，发现他的字写得很好，古文也很好，也能画一点画。祖父、父亲结交了一些朋友，家里有一些字画。当时我家有清末的画家李耕、民国初期的林之夏等的字画，这对我有影响。我从小喜欢读书，从家里的破书、旧书发现了什么《红楼梦》《三国演义》啊，还包括胡适、五四那些书都有，我都读。

小时候就喜欢画画，我觉得有遗传。我是 4 岁上幼儿园。我在幼儿园穿着小小的长袍马褂，那是 1934 年。

韩湛宁：1934 年。我们从电影里看到那时的学生穿着青色长袍，围着围巾的样子。

吴寿松：对，缠围巾，我也缠围巾。我还有照片，那时候也有人穿，我家里有这个习惯。后来我到北京来上学、工作我还有穿长袍。1982 年我还特地把衣服找出来，重新穿着照了相。

韩湛宁：您受传统的文化影响还是很深的。

吴寿松：我那时候喜欢看小人书，从小我就看过《西游记》，孙悟空，什么铁扇公主，小时候这些东西看得多。我还跟着家里大人去看戏，就喜欢这种武侠的，三侠五义、七侠五义什么。然后就看小人书，小人书一本一分钱，租回家看，之后就根据那小人书临摹，画武侠小说，画那些小人，画画就从这儿来的。这就是我的艺术道路的开始。

1934 年在福州文山女子小学幼儿园的吴寿松（4 岁）

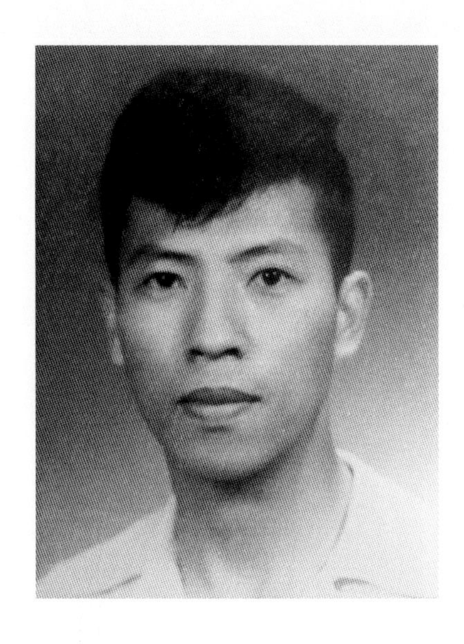

吴寿松年轻时的照片

韩湛宁：那时候抗战开始了吧？抗战之初福州有没有受到影响？

吴寿松：我7岁上小学就是1937年，抗战开始。抗战都在北方，但是那时候福州已经有影响了。第二年，1938年，怕日本鬼子会来，家里决定让外婆带我到菲律宾找我爸爸，是端午节以前从福州坐船到香港，到香港住了两个多月，办护照却没办成。那时候菲律宾护照签证很难。我父亲还特地到香港来看了我们一次，这是我最后跟我父亲见的一面。我父亲说你们赶紧回去吧，没办法。我就跟外婆两人又折腾回福州。我还记得从福州坐船到香港那个轮船是"江苏号"，回来坐的那个轮船叫"安庆号"。

韩湛宁：在香港见了父亲最后一面，回到福州应该开始上学了吧？

吴寿松：1938年回到福州上学，一直上到小学毕业。1937年上学，那时候小学是六年，我只读了五年，我是跳级的，一年级没读直接上二年级，因为我语文成绩好。我小学毕业是1941年。

韩湛宁：1941年就毕业了？那初中呢？

吴寿松：民国三十年，1941年，4月21日。福州被日本鬼子占了，我家是在大街上，还记得有几个日本宪兵到我们家里转了一圈，我祖母、母亲赶紧都躲了。街上很多店都关门，开店就怕日本鬼子来抢东西，大家都躲。

1944年9月鬼子第二次又来了。那时候就跑到内地读初中，读了好几个地方，也没读成。整天逃难，怕日本鬼子来炸，搬家、逃难，根本就没有好好读过中学。抗战过去后，我去读高中，在福州格致中学，那是有名的一个学校，是美国的教会学校。很有名，我去读的时候它已经建校100年了。

韩湛宁：您是从哪一年开始读高中？

吴寿松：1946–1949年。说实在话，我真正读书也就靠这3年。实际上那个时候内战在北方，还没打到福建，就比较安心读了3年书。我文科比较好。要说文史，我滚瓜烂熟；做数理化，我就不会。我记得有一次去考大学的时候，题目说写出太平天国几个王，结果很多人都不会，我满分。

韩湛宁：您特别喜欢文史，这对您后来都产生了很大的影响。

吴寿松：是啊，我特别喜欢文史。后来，1949 年 8 月 17 日，福州解放，这对我来讲也是一个影响。毕业考试本来要会考，因为解放，免了，就把毕业证书发给我们了。国民党就自己撤退走了，就在 1949 年 8~9 月这一段期间。

三考大学 >

韩湛宁：嗯，那您是这一年考的大学？

吴寿松：1949 年好多大学招生，我就考大学。因为格致中学业务好，比别的学校水平都高，特别是英文，格致中学的学生都考得好。然后说起来也够特别的，我这一辈子总共考了三次、六个大学，就这一年考了三次大学，都录取了。

韩湛宁：1949 年就考了三个？

吴寿松：1949 年考取了三个大学。一个是福建学院，一个福建农学院，还有一个就是福建协和大学，都录取我了，协和是教会办的，跟格致是一个系统的。我挑了协和大学，读的是西洋语文系。在西文系读了一年，1949 年 9 月读到 1950 年夏天。那时到处都在迎接解放，唱歌。到处都是革命热潮。我成了积极分子，又去参加劳动，去修路，又去宣传爱国。

1950 年读完了一年级，但是我不读了。又拿高中毕业证书重新去投考。1950 年还没有全国统一招考，华北区、华东区各自统一招考。

韩湛宁：您为什么要重新去考？

吴寿松：教会学校学费可贵了，两石米，还要交好多钱，而且那时候就想是美帝国主义办的。另外，学了这还不是给外国人当翻译，我也不喜欢。所以就重新去考，参加华北统招和华东统招，我先报华东区，报考的是上海复旦大学新闻系。结果出来了，福州考区录取两个人，第一名吴寿松！我考取了复旦，我觉得自己够棒了。同时华北区我也考了，我报的清华、北大、北师大等五个志愿。结果，北师大美术工艺系把我录取了。

韩湛宁：哦，美术工艺系。是工艺美术还是美术工艺？为什么会选择北师大？当时复旦比北师大名气还要大。

吴寿松：嗯，不是工艺美术。当时怎么选择？一个是复旦，一个是北师大。北师大是美术系，美术工艺，复旦是新闻。都喜欢，怎么选？但是我选了北师大，原因现在说起来你们会笑掉牙的。说去北京能见毛主席，朱总司令。就这么想的，后来好多我们福州的亲戚、朋友、同学劝我不要去，太远了，冬天又冷。但是我决定了，得去做棉袍，得做好多衣服，花很多钱的。要去北京见毛泽东，就这么来北京的。

韩湛宁：哎呀，多淳朴。就真的是这么想。

年轻时的吴寿松

北上求学 >

韩湛宁：就这么开始做棉袍去北京了。居然就这样把复旦大学新闻系不要了。

吴寿松：把复旦大学不要了，而且还考了第一名。我就这么冒昧地来北京了，现在跟你说的都是故事。福建解放前一寸铁路都没有。我从福州到北京，走了7天7夜。

1950年9月14日出发，9月21日才到北京。我得告诉你怎么走的，这都是历史了，从福州坐船从闽江逆水而上，两天两夜到了南平。然后从南平坐大卡车，当时是华北录取的福建学生集体去的，有好几十个，各个学校的都有。就这么从南平到建瓯到建阳，再到崇安，过了武夷山，走了两天两夜到江西上饶，准备坐火车到上海平生第一次见火车，非常激动。福建省当时没有火车，没见过真火车，头一回见。

韩湛宁：从上饶坐火车去上海，您不是去北京吗？

吴寿松：整个福建考生一起去，坐慢车从上饶到上海，到上海停了半天，我们高兴极了，去上海街上逛半天，去永安公司、先施公司去看，从来没有见过这么漂亮的百货公司。在新新公司还第一次见了现在叫滚梯的电梯，我还去坐了一趟。晚上才上的车，从上海到北京又走了两天两夜。9月21日到了前门火车站。

1950 年 12 月吴寿松在北京师范大学美术工艺系学习时，在和平门校本部和平院宿舍门前留影

韩湛宁：走了一个星期，终于到了啊。

吴寿松：对，一个星期才到。到了正阳门，出了火车站，一看，这不是大前门吗？我提着行李，行李就一个箱子、一个棉被、一个脸盆什么的。当时北师大就在和平门外，有一站路。

一到北师大就凉半截，我在福建读的协和大学高楼大厦特洋气，北师大这边是平房，心里有落差。到北师大后，我们的系主任很有名，叫卫天霖，山西人，特有名的油画家。我不喜欢那些课，素描整天就画那石膏像。而且卫天霖讲课我也听不太懂。整天画这些没有感觉的东西，不让创作。你不叫创作怎么成画家？我就不乐意了。

那时候我特别羡慕谁，你知道吗？华君武、方成，他们画漫画，抗美援朝，打倒美帝、打倒日本什么的，我对这有兴趣。我想画漫画，可是我们学校不教这些。我就自己下课去画画，我喜欢创作，哪怕画连环画也行，学校不教，我就自己画。而且我还猛画，画抗美援朝、打倒美帝。还给漫画杂志投稿了，一阵猛投，结果后来居然慢慢发表了。最早是三反五反的时候，画了一张在《新民报》发表了。

韩湛宁：这么早就发表作品，是什么作品啊？

吴寿松：我第一张发表的漫画是《贪污分子你怎么办》，发表在《新民报》。还有很多发表的，发表在《人民日报》《大公报》《福建日报》《内蒙古日报》等。不发表的也多，很多都退了回来，那时不发表还退稿，退稿信我都留着，他们特认真，都标注修改意见。

这都是不务正业的事，我告诉你，荒唐的事还不在这。在北师大我读了一年，读到暑假，一年级刚刚学完，我偷偷瞒着学校教务处又去考大学了。

1951 年 10 月 2 日中央美术学院一年级甲班全体同学游颐和园留影（双手叉腰背水壶者为吴寿松）

韩湛宁：您又考了一次试，考大学，第几次了啊，您都上了两次大学了？

吴寿松：是，考到中央美术学院去了。1951 年的暑假，就是读了一年级之后。又跑了，去考中央美术学院。考上绘画系，中央美院当时分绘画系、雕塑系、实用美术系三个系，我是绘画系甲班，我就考上了，又读第三个大学了，就跟毕克官什么好多同学一起入学。

韩湛宁：就这样从北师大不告而别跑了，1951 年秋天您就去中央美院上学了？北师大找您了吗？

吴寿松：他们开始找不到。我在中央美术学院上学自己挺得意的，刚好 1951 年的国庆游行，我在中央美院队伍里，而不在北师大队伍里经过天安门。刚刚高兴了没多久，被发现了。

被一个叫左辉的老师发现的，原来天安门城楼的毛泽东像就是他画的。左辉两边都教，既在中央美院，又在北师大。他认识我，在中央美院见了我，回去报告北师大教务处。北师大教务处说我们正找吴寿松呢，就给中央美院教务处一张照会。结果中央美院教务处让我回去。

韩湛宁：劝您回去？不回去是不是开除？

吴寿松：我还不服气，我还跑到教育部去，教育部那些干部听着都好笑，就说当人民教师同样也是为人民服务，同样光荣。我知道没戏了，我就回去了。北师大教务长找我，人家就一句话，他说既往不咎。不做检讨，不处分，你就明天来继续上课。1951 年 10 月就回北师大了。没有人处分我，回来接着上课，在北师大接着读二年级。

韩湛宁：到 1952 年。

始做装帧 >

吴寿松：1952年年底，发生一件重大事情，就是全国院系大调整。辅仁跟北师大合并了，美术工艺系也没有了，改成什么图画制图系。我更觉得没意思了，一气之下，就正式办退学了。那个时候是已经二年级读完。我不想再读了，因为我知道，毕业以后就得到河北什么一中去教美术。我不想当美术老师，我想当画家。

韩湛宁：跑哪去了？要参加工作吗？

吴寿松：我想通了，我不读大学了，参加工作去。我听说人民美术出版社刚成立不久，地点在灯市口西口，邵宇是社长。我就自己到人美社，找人事处的处长，我说我是北师大的学生，叫吴寿松，想在你们这里参加工作。那个人挺好，说你会什么？

我刚好元旦在《人民日报》发表了一幅漫画，刚发表几天，我把那张《人民日报》拿出来。人家一看，说想要我。那时候正缺人，但是他说，社长不在，必须社长回来点头才能给你办手续，说社长邵宇跟宋庆龄到维也纳去开世界和平大会。我说我等不及了，我在北师大已经办了退学了，在北京没有任何亲戚朋友。问他能不能快一点，他说快不得。他后面给我提供一句话，这影响了我一生。他说你要着急，有一个地方叫外文出版社，也缺美术人才，地点就在新华社大院，在宣武门附近。他说你去那边看看，可能会要你。

我就到宣武门，一看门口，一边挂新华通讯社，一边外文出版社。进去找人事科科长，他问你找谁，我说就找你，说，听说你们这需要美术干部？他说是，我们的设计科正缺人。我说我想来你们这。他说你会什么？我就把那张《人民日报》拿出来给他看，他说你刚发表吧，这才1月份。

韩湛宁：当时还不叫美编室，叫设计科是吧？

吴寿松：那时叫设计科，还不叫美编室，它就叫设计封面的设计科。他说你把这报纸留在这，回家写个简历。第二天我把简历送去了，交给设计科科长刘邦琛和出版部主任冯亦代，他们一看，不到3天，说要你了，就要我参加工作了。说这样子，给你试用期3个月，每个月给你33块，3个月以后转正，转正就是40多块。我说那行，他说那你上班吧，出版社有一个集体宿舍，在羊市大街，就地质部对面，说你可以搬过来。我就偷偷回到北师大，在和平门雇个三轮，很简单一个箱子、一个棉被、一个脸盆，坐三轮就到了羊市大街。

韩湛宁：哈哈哈，这么顺利啊。

吴寿松：于是就这样在外文社上班了。到了那边，上班就叫我写几个外文美术字，我说我画画都会，这个还不会？我就试着写了，领导说这个小孩字写得真不错，我说这不在话下。但没叫我正式设计封面，就一直先打杂做一点事。我

这幅漫画是吴寿松在 1952 年 12 月间创作的。画稿投到《人民日报》被刊登在 1953 年 1 月 1 日《人民日报》第 6 版。此画稿左侧的红字“製版。鄧”是《人民日报》总编辑邓拓同志的亲笔批示。

心想，这个地方，老打杂，当画家也没什么希望，我又想跑，后来领导知道我又想不安心工作了。

我们那单位还真不错，特别是我们出版部的主任冯亦代，很有名。他对我真有办法，他说吴寿松，你想画画吗？我说是的，他说这样，我批准你每礼拜有两个半天，到人民美术出版社一个素描教室，到那里去画素描。我一个朋友叫阿老，是有名的画家，他辅导你，你上班时间去画画，怎么样？

韩湛宁：这个够好了，您也就不好意思跑了。

吴寿松：这个我二话没有了。结果我去了那边画画。前后左右都没人，就我一人在对着石膏像画，阿老有时候过来看看，画了没几个月，也没意思了，自己就自动安安心心地工作了。

韩湛宁：那您就这么安心工作了？是怎样开始设计书籍的呢？

吴寿松：刚到我们设计科时，见到科长刘邦琛，见到他我吃了一惊，高个子，高鼻子，深眼睛，戴着眼镜，黄色的小胡子，赫然一个外国人。他笑眯眯和我打招呼，我却愣了半天。原来他父亲是中国人，母亲是英国人，他是在中国长大的。

我一个刚从学校出来的学生冒失地进入这样一所洋机关，真有点不知所措。原来设计科的任务是设计封面的，可我在学校只学过素描，课余画过漫画，从未学过设计封面，更不要说外文书的封面了。

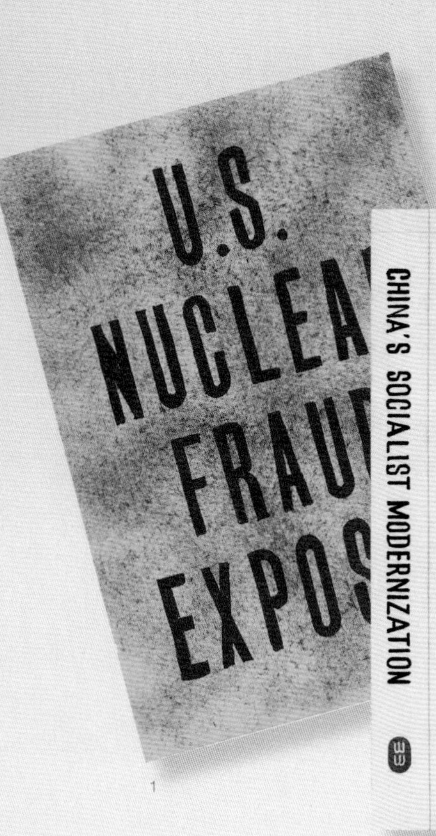

1

2

1.《U.S. NUCLEAR FRAUD EXPOSED》设计手稿

2.《CHINA'S SOCIALIST MODERNIZATION》设计手稿

3.《REGARDS SURLA REFORME A LA CAMPAGNE CHINOISE》设计手稿

4.《FEAR NEITHER HARDSHIP NOR DEATH IN SERVING THE PEOPLE》设计手稿

5.《茶馆 TEAHOUSE》设计手稿

6.《AWAKENED LAND》设计手稿

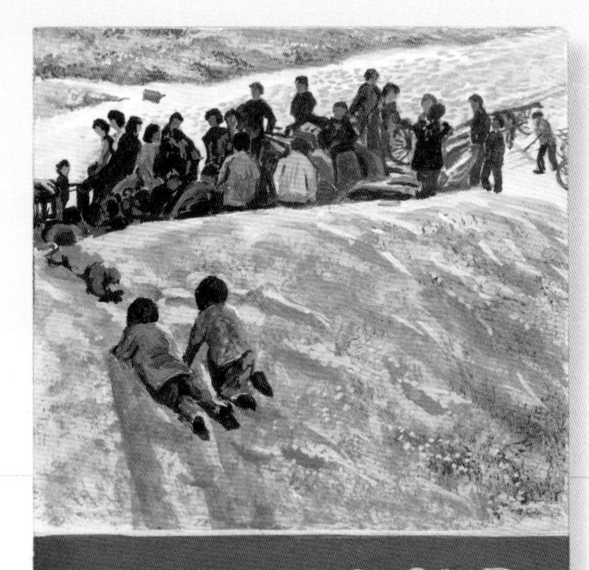

3

4

韩湛宁：那您怎么办，从头开始学习吧？

吴寿松：刘邦琛特别好，就像老师一样，既热心又耐心，教我装帧设计。我们当时好几个人都是那年来的，胡玖芳、张灵芝等，大家都是新人，刘邦琛就教我们。他先让我们看外文画册，了解一本书包括哪些部分，哪些需要设计和编排，然后教我们认识外文字母，字体、字型、字号、磅数等；教我们版面设计的规律，中文书和外文书的版面有哪些区别。

韩湛宁：那个时候对于您来说这些是很难的事情啊？您是怎样学习的？

吴寿松：先熟悉外文字母字体，有什么体啊，怎么用啊，不可以随便乱用的。当时封面上的书名除了排铅字外，大量的要手写，写好后缩小制成铜锌版印刷。我那时写过英文、俄文等字母，照字体书临摹放大，勾出铅笔稿再填墨。填完墨，挂起来仔细比较，挑出来哪几个字母不合规矩。最难的莫过于手写字母“O”和“S”，很难把几个“O”和“S”写得一模一样。墨稿出来后，不妥之处用广告白粉来修，修到满意为止。在刘邦琛的严格要求下，我们经过长期磨炼，终于练出一手书写外文字的本领。

韩湛宁：那真是要感谢刘邦琛先生的严格要求啊。

吴寿松：还有一个特别要感谢他的是要求我记“工作日记”。我头一天上班，刘邦琛就发给我一本“工作日记”，要求我每天必须写工作日记，这是出版部的规定。我从一开始就老老实实地按照规定记，天天记，天天上交刘邦琛，他每天看后签了名再还给我，有时还做了批语。后来换了领导，到 1954 年 9 月 18 日之后，就没有人来审阅我的工作日记。但是我照例天天记，一直到 1990 年退休，前后记了 38 年，从未中断。

韩湛宁：这可太不容易，这 38 年的日记太珍贵了，记录了您所有的工作吧？应该是一本您的详细史料。

吴寿松：可不是嘛。后来更没有想到的是，我的“工作日记”居然成了外文出版社的一部非官方出版史料。无论什么工作，甚至运动，开会、斗争、劳动、下放、听报告等，都记录在当中。至今还能查出哪次运动听过谁的报告，哪一天批斗谁，哪一天出了什么大事，全有书面记录。仅就这一点，我怎么能忘记刘邦琛？

韩湛宁：这可是始料未及啊，成了外文出版社的一部非官方出版史料啊。

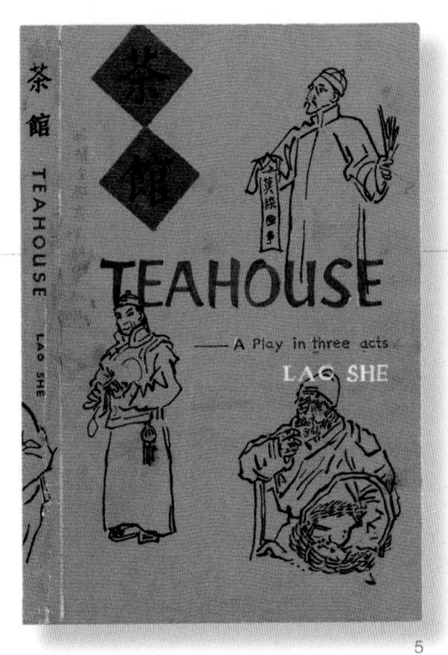

5

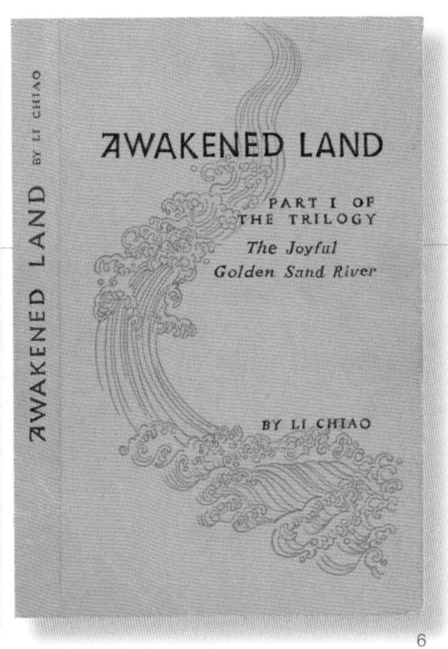

6

7

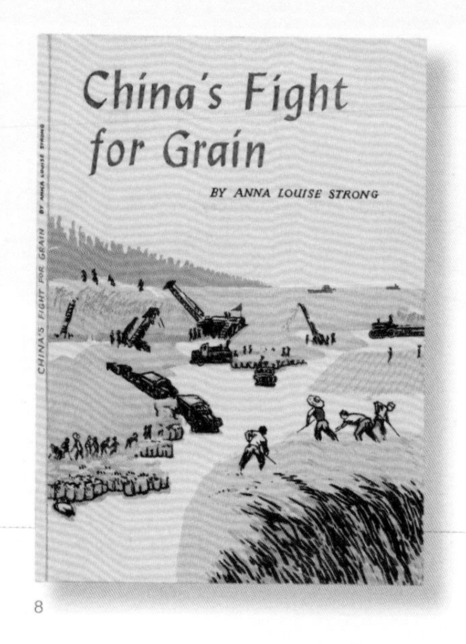

8

9

7.《Tracks in the Snowy Forest》设计手稿
8.《China's Fight for Grain》设计手稿
9.《The SCHOLARS》设计手稿

儒林外史 >

韩湛宁：您设计的第一本书是哪本？是《雪峰寓言》吗？好像是 1953 年，应该是您刚上班那年。

吴寿松：是啊。工作起始就有几件事，确实对我影响极大。第一本是《雪峰寓言》，当时刘邦琛教我怎么组稿，如何找画家，如何先把这本书读熟了，自己要提出该画书中哪些内容情节，再跟画家去商量。《雪峰寓言》插图组稿找的是黄永玉。我第一次见黄永玉，当时他刚从香港到北京，在中央美术学院版画系，冯亦代以前在香港就认识他。让我就去找他组稿，十分顺利。那时候他小儿子还在摇篮里头。后来《雪峰寓言》搞得特好，他还建议我选用其中一幅版画插图作为封面，封面用深绿色底，书名用浅绿色。我便按照黄永玉的意思设计了彩色草稿，送审很快就通过了。

韩湛宁：原来是这样啊，除了插图，黄永玉还有指导您设计封面的功劳啊。那时他不是还画了《阿诗玛》吗？

吴寿松：那是后来的事情。几年后我们社出版英文和法文的《阿诗玛》，请他创作插图。是何佩珠向他组稿的。

韩湛宁：这两套插图都是精品啊，在中国插图史上占有一席之地的。接着设计了什么重要的作品？是《儒林外史》英文版吗？

吴寿松：差不多，《儒林外史》英文版是我在 1954 年设计。书是杨宪益和戴乃迭翻译的，他们是非常有名的翻译家，两口子。插图是我组稿，也是冯亦代他们指导，由叶浅予推荐，写信到上海向程十发约稿。还得到很多人的帮助，我们社的老编辑王作民，带我去北京大学拜访著名历史学家翦伯赞，听他对《儒林外史》的评价以及对插图的设想和要求，翦伯赞讲得头头是道，真是觉得太有学问，对我启发极大。后来我就回来把《儒林外史》读了。还看了一些参考书。

后来我去找程十发画插图，要表现什么，每一图要表现什么。先把这功课做好，把这内容都确定了。然后我就跟程十发通信联系，请他一幅一幅画插图，再修改。后来这套《儒林外史》插图在 1959 年德国莱比锡国际书籍设计展览上获得了插图银质奖。

韩湛宁：那时候没有见？你们怎么联系啊？

吴寿松：没有见，他没来，我也没去上海，就书信。到了后来他来过一次北京，后来我去上海见过一次。到上海见的时候，程十发大吃一惊，我这么年轻，他一直认为我是一个老先生。

韩湛宁：1959 年莱比锡国际书籍设计展览中国获得了很多荣誉啊，但是获得插图奖我还不知道。

吴寿松：《儒林外史》插图获的银质奖章，一直在我们出版社，20 世纪 90 年代在出版社给找到了，我居然特认真托人带到上海，送给程十发保留。

韩湛宁：您这样做太好了。因为是插图奖，应该是程十发的。

10

11

10.11.《儒林外史》设计手稿

主席诗词 >

韩湛宁：吴老师，您谈谈《毛泽东诗词》外文版的出版吧，您设计了几十种吧？

吴寿松：起源是在1972年2月尼克松的第一次访华，在欢迎宴会上，他致辞时就引用了毛泽东的诗词，在他参观八达岭长城的时候，还在烽火台上吟诵了毛泽东的《沁园春·雪》，他吟诵之后就向旁边我们外交部的人员表示，他想要一本英文版的《毛泽东诗词》。

很快外交部就把这个要求通知了外文局，因为我们外文出版社出版过两个版本，但是整个社里都找不出一本像样的书。于是就找我要，因为两个版本都是我设计的，样书我有保存，于是我便将一本珍藏多年的精装样书交了出来，转给外交部。结果因为当时《毛泽东诗词》的英文翻译者蒙冤入狱，上面怕有政治问题，就没有送给尼克松。

韩湛宁：这时您就已经设计了两版《毛泽东诗词》了？

吴寿松：是啊，第一版是1958年5月，我设计了《毛泽东诗词十九首》英文版，当时封面就设计了很多种，还专门请教了中央美院教授、著名设计家张光宇先生。最后确定了34开平装，不用花纹图案，只用简单朴素的底色，中文书名“毛泽东”和“诗词十九首”都集自毛泽东的手迹，英文书名在绿底上反白。这个版本就是外文出版社的《毛泽东诗词》的第一个版本，接着10月出版了法文版。第二次设计是1959年3月，外文出版社决定再版《毛泽东诗词》英、法文版，以及陆续出版德文、日文、朝鲜文、西班牙文等多种外文版。社长吴文焘非常重视，就多次和我商量装帧设计的事情，希望提高和改进。当时决定，把平装改精装加护封，书名不要“十九首”这几个字，只用“毛泽东诗词”等。我又重新设计了很多个方案，最后确定用34开全绸面精装，面料是深紫红的，封面毛泽东手书的“毛泽东诗词”烫赤金。护封白铜版纸，正中印齐白石的名画《祖国万岁》的彩墨“万年青”，画面庄严、高雅，配上红黑两色英文书名，十分和谐。出来后反响很好。

韩湛宁：好像这个版本还获得了1959年的莱比锡国际书籍展的奖？

吴寿松：不是奖，是参加展览。当时出版后，正赶上我国出版界首次参加莱比锡国际书籍展，中国有10件获奖。《毛泽东诗词》英文版的设计获得好评，1960年5月1日的《人民画报》以双页篇幅刊登了邵宇的《我国的书籍装帧艺术》一文，还有获奖以及好评的10余件中国作品，而《毛泽东诗词》英文版的封面在版面上非常突出。

韩湛宁：尼克松想要的那个版本《毛泽东诗词》，是什么时候设计的呢？

吴寿松：1974年10月，传闻尼克松要再度访华，这时他已经不是总统了，但是第二次来中国，总该有一本像样的《毛泽东诗词》送给他了吧。于是，外文局、外文出版社开始抓《毛泽东诗词》的出版工作。

12

12~15.《毛泽东诗词》设计手稿

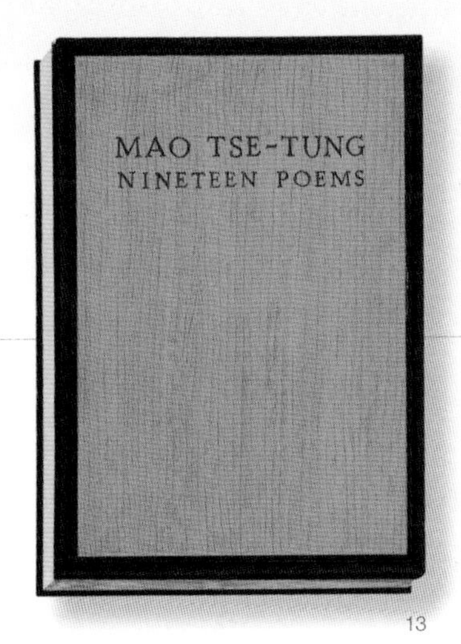

13

14

MAO TSE-TUNG POEMES

毛澤東詩詞

MAO
TSE-
TUNG
POEMES

15

1974年11月7日，中联部副部长兼外文局局长冯铉召开专门工作会议，我在会上提出了装帧设计的整体构想。我建议出8开本全绸面精装、内文120克特种书籍纸，外加锦缎套匣。卷前另有毛泽东照片一张，毛泽东自书诗词手稿一页（用三裱宣纸胶印）。全书中英文对照，中文全部繁体，整体设计突出民族风格和时代精神。

设计确定后，我便挑选材料，主要是绸面的丝绸。在北京找不到合适的，就派我就去上海、杭州和苏州去选购，我回来带了一批材料。

回来就埋头开始设计。当时《毛泽东诗词》增加了一些新发表的，共计39首。除了自己画护封、封面、套盒的设计图样，还频繁到外文印刷厂研究排版的工艺等，还去人民文学出版社和文物出版社等，去了解他们出版的《毛泽东诗词》中文版的各个版本以及装帧设计的问题。

当时上上下下都非常重视，仅仅设计形式和准备出多少版本，都几经慎重反复研究才确定下来。除了重点要赠送尼克松作为礼品的8开精装豪华本是外加织锦函套，正文是中英文对照，三色套印，我们称为“特种精装甲本”，还有一种“特种精装乙本”，和甲种本基本一样，就是不用织锦函套而用普通灰纸板套匣。此外，决定同时出版28开绢丝纺面料的精装本和纸面的28开平装本；还同商务印书馆合作出版50开袖珍本，以后再是5个版本。

1975年，我就是设计这5个版本以及解决各种材料与印刷工艺等问题。大家都知道这是个政治任务，所以都高度配合。最后封面和函套的面料用白梅花图案的丝绸织锦，从杭州采购，在前门大栅栏的一家锦匣厂制作。函套上的象牙书别子也是专门定做的带云纹图样的。

韩湛宁：这个重要的出版物，的确是下了大功夫啊。国家级工程啊。出来反响应该特别好吧。

吴寿松：整体效果相当好。1976年3月，乔冠华将专门赠送尼克松而出版的《毛泽东诗词》分别呈送给毛泽东和尼克松各一册。4月30日，《人民日报》在头版显著版面刊登了新华社电讯，大标题为“《毛泽东诗词》英译本出版”，这天的中央人民广播电台也播送了这个重要消息。晚上，北京电视台也播放了这条新闻，有我在印刷厂的镜头，之后还给我补拍了很多镜头。后来，《人民画报》等也做了详细刊登。

1976年9月底，外交部部长乔冠华要去联合国，又将《毛泽东诗词》特种精装本作为外交礼品。后来我也分送了郭沫若、赵朴初、李淑一。

韩湛宁：《毛泽东诗词》外文版前后一共出了多少版本啊？都是您设计的吗？

吴寿松：后来，陆续出版了法文、德文、俄文、意大利文、日文、泰文等16种语言，从1958~1979年，外文出版社一共出了18种外文版，历时21年。我是《毛泽东诗词》的责任设计，参加了自始至终的工作。这是我从事出版工作几十年中，最具历史意义的一个工作记录。

另外，我在 1979 年还设计了《毛泽东诗词四十三首印谱》，1982 年文物出版社借调我去搞两本书的设计，设计出版《毛泽东书信手迹选》和《毛泽东手书古诗词选》各三种不同版本。

《毛泽东手书古诗词选》是毛泽东整个手写的，木兰词也有，唐诗宋词都有。而且为了这个古诗词选，我到中南海去，到毛泽东书房去，结果管书房的那个人把毛泽东读过的唐诗宋词所有版本都搬出来搁在地上，我们出版社摄影拍照，我在旁指挥说拍哪边拍哪边。那个封面也是把毛泽东各种书信整个拿到文物出版社去拍的。

16~19.《毛泽东诗词》设计手稿

吴寿松在自己临摹的毛泽东“认真做好出版工作”题字前留影

诗词印谱 >

韩湛宁：吴老师，您谈谈《毛泽东诗词四十三首印谱》的设计吧。

吴寿松：那是 1978 年 12 月 1 日，福建的篆刻家周哲文在北京办展览，在中央工艺美术学院举办了一个篆刻作品展，我去看了，特别喜欢他的作品，特别是展品中有一组“毛主席诗词”特别吸引我。参观结束后，我突然有一个念头，若是将他的这组作品出版，一定会受到国内外的读者喜爱的。当天我就把这个想法和当时的出版社社长说了，第二天我和社长以及其他几位又专门去看了展览，还把计划告诉了周哲文，大家都一致表示赞同。12 月 4 日，社里把这个项目列入选题，由我负责策划、编辑、装帧设计。

韩湛宁：您是怎样编辑设计的呢？

吴寿松：周哲文篆刻的毛泽东诗词是 39 首。当时毛泽东逝世后又公开发表了 3 首，我又想起 1958 年曾发表的一首《电复彭德怀同志》，一共就编辑成了 43首。

韩湛宁：《电复彭德怀同志》就是那首著名的“谁敢横刀立马，唯我彭大将军”？

吴寿松：是。我确定后，请周哲文把后加的 4 首补刻。于是，书名就正式定为《毛泽东诗词四十三首印谱》。我于 12 月 12 日去赵朴初府上，邀约他题签。我在 1972 年之后与赵朴初往来颇多。他爽快地答应了，也很快写好给我，我当时特别高兴。这给了我很大的鼓励，于是，我接着就请启功先生为这本印谱写前言，因为之前也和启功先生有一些交往。

《毛泽东诗词》设计手稿

SELECTED WORKS OF MAO TSE-TUNG
I
SELECTED WORKS
OF
MAO TSE-TUNG
VOLUME I

SELECTED WORKS OF MAO TSE-TUNG
II
SELECLED WORKS
OF
MAO TSE-TUNG
VOLUME II

SELECTED WORKS OF MAO TSE-TUNG
III
SELECTED WORKS
OF
MAO TSE-TUNG
VOLUME III

SELECTED WORKS OF MAO TSE-TUNG
IV
SELECTED WORKS
OF
MAO TSE-TUNG
VOLUME IV

SELECTED WORKS OF MAO TSE-TUNG
V
SELECTED WORKS
OF
MAO TSE-TUNG
VOLUME V

SELECTED WORKS OF MAO TSE-TUNG
VI
SELECTED WORKS
OF
MAO TSE-TUNG
VOLUME VI

1979年5月3日，传达室通知我下楼到大门口，说一位“老师傅”找我，我赶到门口一看，原来是启功先生，为我送他为印谱写的卷前诗一首，我惶恐不安地说：“您老人家打个电话，我自己到府上取就行，怎么敢劳您大驾亲自送来？这万万使不得。”启功先生笑着说：“这没什么，我早上出来走走，本要到甘家口买点东西，顺路带过来的。”这件事让我终生难忘。

韩湛宁：这样啊？启功先生这样平易近人啊？他多大的学问和名声啊？真是太让人敬佩了。

吴寿松：是啊。以启功先生的品德、学问、声望，这样没有架子平易近人，怎能不令我感动敬佩不已啊。当时启功先生还捎带说了一句：“前言我就不写了，你自己写就行。”

有了赵朴初的书名题签和启功先生的卷前诗，分量已经够重了，于是我就勉强写了一篇前言，查阅了很多资料，也请教了许多专家，最后终于写完了。印谱最后有附页，一面是英译文，一面是日译文，都严格请教金石专家和著名翻译家谨慎翻译的。这样，编辑工作基本完成。

韩湛宁：这些是策划和编辑工作，那设计呢？

吴寿松：《毛泽东诗词四十三首印谱》我想啊，首先是充分体现民族传统风格。于是，开本我选用窄长方形12开，宝蓝色绢丝面料，方脊精装。封面左上方贴仿旧宣纸“贴笺”，上面印赵朴初提写的书名手迹和两方印制，书脊上书名烫金，古香古色。前后环衬页用米黄色卡纸，内文全部用100克卡纸印刷。

内外全部印有浅石绿色的边框，扉页是赵朴初提写的书名手迹，之后是启功先生的卷前诗手迹，作品页首页是一大块寿山石印章，刻白文小篆“毛泽东诗词四十三首印谱”等。印刷也是下足了功夫，边框是胶印的，红色印章是活版套印，这样印刷压力大，墨色重，力透纸背，能体现篆刻的感觉。

最终，1980年5月，《毛泽东诗词四十三首印谱》以外文出版社和人民美术出版社的名义正式出版，在国内外发行。

出书后，赵朴初和启功先生都有很多赞许。马上外交部就来电说，中央领导人访问日本，要准备《毛泽东诗词四十三首印谱》20册作为礼品赠送给日本政府首脑。

韩湛宁：也是一个出版大事件啊。您一手策划、编辑和设计的啊。这已经超越了当时美术编辑角色啊，您一定非常高兴吧？

吴寿松：这本书，从策划到出书，历时一年半多时间，非常辛苦，但是得到各方面很高的赞许，我内心里感到很欣慰。

红楼画梦 >

韩湛宁：《红楼梦》英译本也是您的重要作品，您谈谈它的设计。它的插图好像特别有名，记得是戴敦邦画的。

吴寿松：1976年《红楼梦》译稿全部完成后，社里把设计任务交给我。在设计之前，我就已经重新把120回的《红楼梦》认真阅读了一遍。同时，重读了周汝昌的《红楼梦新证》及其他相关资料，做了思想准备。

韩湛宁：设计之前做足功课。

吴寿松：是啊。当时我想，外国人读《红楼梦》这么一本内容庞大的书非常困难，如果有插图来辅助读者的想象和理解，读者一定有阅读兴趣。于是，我查阅了各种插图版本《红楼梦》，有乾隆五十六年的《新镌全部绣像红楼梦》、有民国的、有解放后的，都发现没有理想的插图可选，于是决定请人来画插图。

在上海名画家沈柔坚的推荐下，我们请上海的戴敦邦画插图。我们把戴敦邦请到北京，请他在友谊宾馆住的，那时候“文革”还没有结束，也没什么稿费，吃住全是我们承担的。我们介绍他去请教著名的红学家和美术家，如周汝昌、吴世昌、启功、杨宪益、叶浅予、丁聪等，那时候丁聪就住在我家楼上，跟我邻居。我和戴敦邦跟丁聪一起喝酒，一起讨论。我们还带戴敦邦参观故宫、恭王府、曹雪芹故居，以及很多园林寺庙，了解和搜集素材。

当时，我们将全书分3卷，计划每卷12幅插图，全书36幅。又多次讨论这些插图的故事情节，并考虑插图在全书中的均匀分布，避免过于集中和过于分

20-21《红楼梦》设计手稿

20

21

散。同时又要让画家领会我们的编辑意图，又要尊重画家的创作。戴敦邦每画完一卷的插图初稿，我们都认真地反复研究推敲，希望既要保持忠于原著，又要进行艺术创作。最终戴敦邦都画好了，非常出色。

韩湛宁：编辑、设计、插图三方面的密切配合多么重要啊。这应该是这本书出版成功的关键因素之一吧。

吴寿松：是啊，首先，插图组稿的成功，增强了自己对设计的极大信心。于是，护封我就计划也采用插图作为主要设计内容。到底采用哪一幅图稿更能体现这部名著的特色呢？我设计了好几幅护封图稿，有用“黛玉葬花”，有用林黛玉的白描绣像的，还有设计了一对特写的大石狮子等，都不理想。后来我发现了光绪年间的《增评补图石头记》里的大观园总图，就试着自己画成白描来设计。我甚至做出一个样书，放在国外的出版物里一起比较查看，还是觉得不理想。最后，我请戴敦邦画了一幅彩墨大观园全景图，作为 3 本书的护封插图，共同使用。

确定后，我就想，护封这样丰富，那里边的封面要简单朴素。于是我考虑封面不要图样。封面选用深蓝色的电力纺，色调类似中国线装古书的蓝色封皮，中间用启功先生的题签，直行楷书“红楼梦”3 个烫金字，典雅、简洁、大方。而厚达 35 毫米的精装书脊，我又精心设计了五方图案，体现中国园林的竹石窗格等，书脊字先烫红色粉片，其余图案全部烫赤金，分隔横挡压无色火印凸版。其他环衬、扉页、正文版式一样进行了精心设计。版面编排是其他同志精心设计的，保持了和谐与统一。

22~24《红楼梦》设计手稿

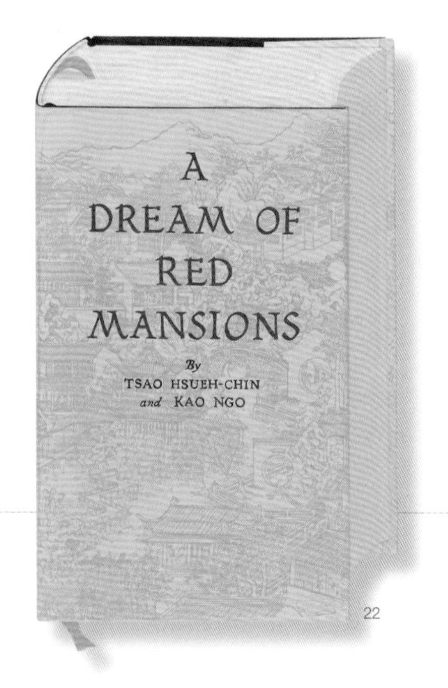

22

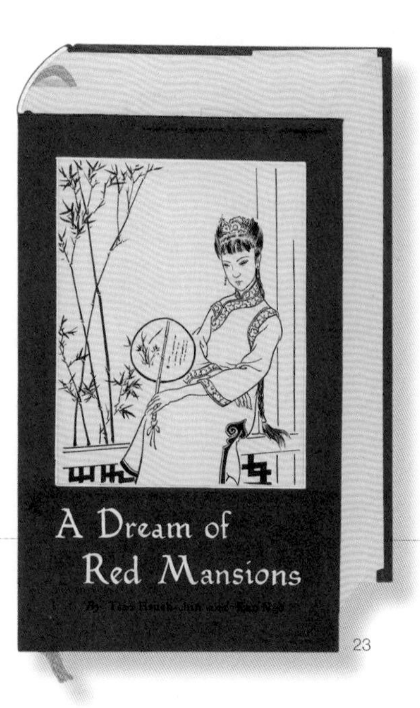

23

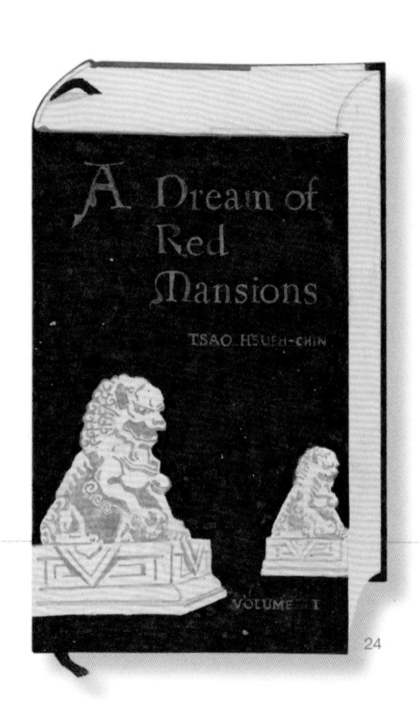

24

韩湛宁：这样的设计，特别是您的书脊像竹节一样的设计，富丽堂皇，既有国外古典精装书的经典样式，又有我们的民族艺术特色。整体的设计如此典雅和完美，应该也是获得不少好评和荣誉吧。我查过资料，《红楼梦》获得第二届全国书籍装帧艺术展览整体设计奖等荣誉，插图也在 1984 年参加捷克斯洛伐克第 11 届布尔诺实用美术设计展览会上展出过。

吴寿松：好像是，谢谢你有心去查阅。

25

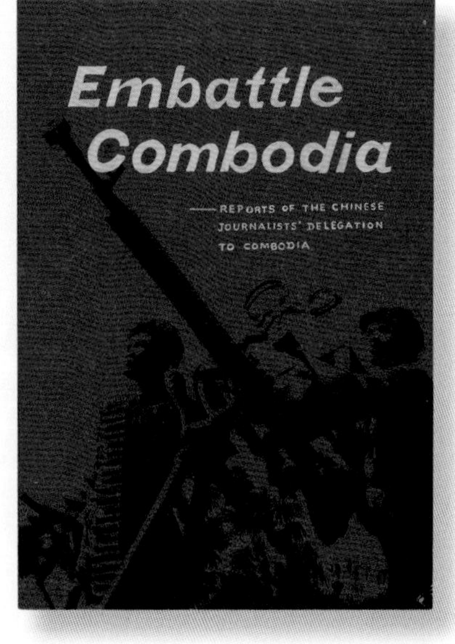

26

25.26.《Embattle Combodia》设计手稿

曾经浩劫 >

韩湛宁：您很多书都是“文革”时期设计的，那您在“文革”中有没有受到冲击，包括“文革”前的很多运动啊？记得张慈中和曹辛之两位前辈都被打成右派啊。

吴寿松：那时候我也挨整了，但是没把我划成右派，这在当时已经很不错了，但是也挨整，不断做检讨。后来张慈中和曹辛之都跟我说：“吴寿松，你 1957 年比谁都猖狂，没有成右派，太不公平了！”

韩湛宁：哈哈，是啊，您怎么可能不是右派？

吴寿松：是啊，要是在别的单位，就凭我当年的表现和劲头，早就是右派了，甚至是极右了。所幸，极可能是外文出版社当年的“右派指标”完成了，或“超标”了，我才成了漏网之鱼。

韩湛宁：哈哈，应该是啊，冯亦代他们那个级别才有资格被打成右派啊。但是，那个时候装帧界很多人都被打成右派啊。

吴寿松：是啊。1955 年我们设计科科长刘邦琛被隔离审查。接着便是那“不平凡的春天”的 1957 年到来，外文出版社的“大鸣大放”也进入高潮。北京的文化界、出版界都在“大鸣大放”。其中一次，我们北京几家大的出版社的美术编辑们，在北海公园的白塔下面开了一次串联会，这就是后来被人们称为“北海黑会”而臭名昭著。

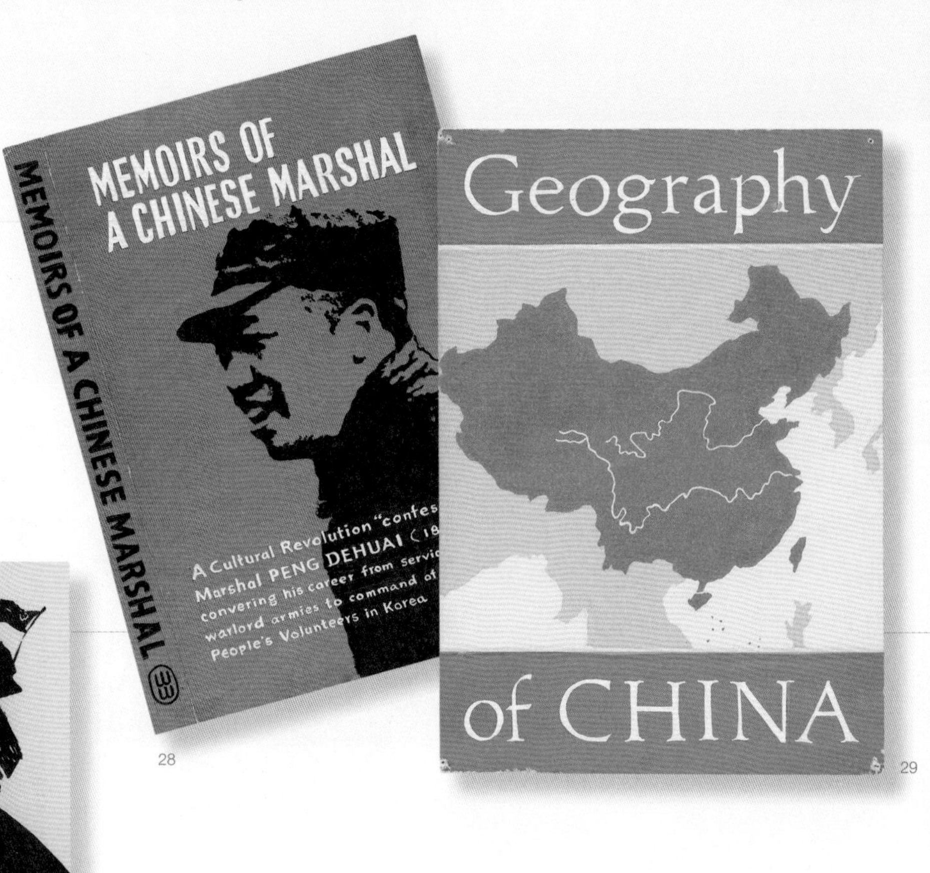

28

29

27

27.《Ugly Features of Soviet Social-Jmperialism》设计手稿
28.《MEMOIRS OF A CHINESE MARSHAL》设计手稿
29.《Geography of CHINA》设计手稿

有人民美术出版社的曹辛之、人民出版社的张慈中、人民文学出版社的秦萍和叶然，有世界知识出版社的孙政、外文出版社的张大羽和我。这次会，无非是出版社同行诉说一下苦恼，提出一下工作设想等。结果后来就成了黑会，成了大多数参加会议的人挨整的证据。曹辛之、张慈中、孙政等都成了右派，而且一戴就是 20 多年的右派帽子。

韩湛宁：您挨整是什么时候？是在下放那个时期吗？

吴寿松：1958 年挨整了。下放是 1960 年，到四川江津德感公社劳动了 10 个多月。这有很深的印象。

当时我们分批分期去，干部都得去。开始大家都说到四川去真不错，天府之国啊，有大米吃。在北京的时候不知道真实情况，北京国庆十周年，还风调雨顺，大搞十大建筑，还轰轰烈烈，还没饿肚子。结果一离开北京，到四川才发现，全国都已经饿死不少人了。

我们从北京出发，到了成都住下准备转重庆，领队宣布所有的人都不许离开招待所。我想好不容易从北京来到成都，不去武侯祠、杜甫草堂怎么行。就带了两个人偷偷摸摸地就东找西找、跌跌撞撞地去了。回来还偷偷写了两首诗，后来还投到《四川文学》发表了，1963 年发表的。

到了重庆江津，就是陈独秀的家乡。我们就在江津劳动，我被分配到县委实验田去劳动。到那吃第一顿饭才知道，跟老乡在一块儿吃，没有米饭，就吃野菜，来一个窝窝头，黑黑的，怎么做的？去年发霉的白薯拿去蒸的窝窝头，咬下去就是酸味，有一点咸菜，根本没法吃。我们一个女同志去咬了一口，当场就吐出来。后来宣布定量，每人一天二两大米。这么一点怎么够吃啊？还要整天下地干活，饿得整天就想吃，见什么都想吃。

韩湛宁：其实是都没吃的？那还要劳动啊？

吴寿松：对，一直都饿啊。当中还有一段事。有一天我跟《人民画报》一个记者，公社书记叫我们画地图，我说画地图没有广告颜色，得去江津县里面去买，其实我们是想去重庆买吃的。因为江津离重庆就一站火车，很近。我们两人夜里头3点钟跑出去坐火车，靠他有记者证，才买到火车票，还能上去混了一盒盒饭吃了。到了重庆看到码头下面，好几具尸体，饿死的。我们到重庆街上，一家饭馆一家饭馆去找吃的。饭馆都要粮票，好在我们身上还带着全国粮票，那天我们一人吃了一斤多，见什么吃什么。吃饱饭赶紧回来，不敢吭声。这是干了一件当时违反纪律、隐瞒组织的事情。

韩湛宁：但至少自己还撑了一段时间，这顿饭的油水能撑很久。

吴寿松：后来到了10月，要开一个思想总结大会，我们小组让我代表大家在大会上去发言。到了大会上，我就先讲怎么艰苦，我是怎么克服这个艰苦，今后应该怎么办。后面讲得特别苦，讲人民公社的食堂真难为人家，巧妇难为无米之炊，我就说得头头是道。结果开会开了一半，我们领队当场就拍桌子，说

1956年的吴寿松

吴寿松，大毒草，你攻击三面红旗、攻击人民公社，把这下面说得怎么苦，你等于对共产党有意见什么的，说我反党、反社会主义，当场就开始整我，好多人跟着，都说我反党、反社会主义。把我整了3个晚上，开会整，开始是谁批我我都辩论，后来宣布纪律，不让我说话，说你只能听批判，不能反驳。

韩湛宁：1960年下放四川江津的时候?

吴寿松：1960年，把我整得狗血淋头，到了年底，我们下放结束了。下放结束的时候大家都要做思想总结，不让我写总结，只许写认罪书。我也特简单，就写了。我写我是反党、反社会主义，回北京之后请公安部门依法逮捕，要不遣送北大荒劳动改造，我就这么写。我们队长说吴寿松，你这是明明白白地跟组织对抗。我说你说我反党、反社会主义，不就是反革命吗，你叫公安部门抓我，要不然你把我当右派送北大荒劳动，我单身一个，怕什么。队长说，吴寿松，你不要这样。我就这样，就这么回北京，回北京之后我也真气了，我罢工，不干活了。刚好1960年、1961年要出《毛泽东选集》第四卷英文版，还有好几种文版，正需要人设计封面，活好多，等着我回来干。结果动员我要我干活，我说我不干，他说你怎么了，对抗？我说对抗就对抗吧。就这样，最后领导软了，就说在下面那些人对你批判也过头了什么的。我说我不吃这一套。我就提出来，既然公安部门不抓我，那把我遣返原籍福建老家。我奶奶刚去世，我母亲就一个人，我陪母亲去。要不，你把我母亲接到北京来。结果真的，外文出版社那时候一个领导叫阎百真。他是第一书记，他签的字公安局就能够把母亲的户口迁到北京。

韩湛宁：呵呵，您是因祸得福啊，就这样把母亲户口迁到北京?

吴寿松：就这样，我母亲户口迁北京来，这是非常不容易的事情。当时外文出版社好多干部全家迁到青海、山西，都走了。他们说吴寿松凭什么把他母亲接来？我母亲来北京，在这待了45年。我母亲1970年也跟我一起下放，到山西农村去了一年。我就这么个状况。

韩湛宁：您也特别有意思，落差很大，故事很传奇。1960年下乡主要是干农活?

吴寿松：农活，挖地、割麦子、种稻子、挑煤。主要是干农活，不用整天去画什么宣传画，人家也不需要一个文化人来整天画这个。

韩湛宁：您好像还有几次下放劳动的经历?

吴寿松：1960年去四川外，1965年到山西忻县董村公社孙村大队搞“四清”10多个月，1969年随外文局五七干校到河北南汲县李源屯公社柳卫大队插队落户一年半；1977年下放到河北固安知子营公社中共中央对外联络部五七干校一年。中间还有好多短期的劳动，弄到居庸关绿化植树，到南郊安定护秋，到东北旺公社上地大队麦收，到外文印刷厂车间劳动等，都不在话下。

韩湛宁：你1960年回到北京以后，开始出《毛泽东选集》英文版?

吴寿松：对，《毛泽东选集》第四卷英文版，后来开始搞反修。从1957年以后就开始搞反修，“文革”当中我们没有少出书，各种文艺的书。当时主要是毛泽东诗词，这是第一个。第二个是反修文件，小册子。那时候我们赞助其他社会主义国家兄弟党出的书，替柬埔寨、阿尔巴尼亚、越南出了好多书和画册，给西哈努克都出了好多，甚至连他怎么做红酒鸡的书都出，不知道多少种。为了出那些书，我去上海出差，跑上海 9 个工厂，来回折腾，现在看这些都没有什么意义。

韩湛宁：您在“文革”中，冒险编纂手抄本《陈毅诗选》。是不是在您心里这件事更有意义？

吴寿松：是的，在我心里这个更有意义。我特别敬爱陈毅同志，他那忠诚、耿直、豪爽的性格，他的儒将风度、充满革命激情的诗词，都是我非常喜爱的，我一直抄录他的诗词。1966 年陈毅被打倒，被批斗，1972 年陈毅去世，我非常悲痛，就想自己编一本《陈毅诗选》，从各地报刊收集已发表的陈毅诗词 178 首，按照正式出版物一样，工工整整地抄录，如同铅字排出来的一样，也认真地设计和装帧。开本是 16 开瘦长形，仿线装，封面题签集自陈毅手迹。完成后，很开心，作为一名普通的群众我用自己的方式尽了自己的悼念之情。

这本装帧精美的《陈毅诗选》被好多同志借阅，1972 年 11 月被《人民中国》编辑部的韩瀚同志借阅去了，韩瀚又转给赵朴初同志看，赵朴初与陈毅同志交

“文化大革命”期间吴寿松抄写的“毛主席语录”

情深厚，非常喜爱，很激动，就留在身边一段时间。12 月初，赵朴初因病在北京医院住院，恰好陈毅夫人张茜也在北京医院住院，赵朴初便将这个手抄诗集给张茜看。而张茜那时正在抱病编《陈毅同志诗词选集》还未编成，就很激动，希望我去见她一下。但是我那几天工作和会议多，走不开，等过了几天去，见了赵朴初，而张茜去广东疗养去了。赵朴初希望我把我这本送给张茜同志。我非常激动，当时就表示愿意呈送。

后来，1974 年，我去拜访赵朴初，赵朴初对我说，张茜送了你一本她编的《陈毅诗词选集》。我听了非常激动，觉得心里有一股暖流。

韩湛宁：这真是一段佳话啊。1972 年，你那样做很冒险啊，陈毅那时是被打倒的啊。

吴寿松：我对陈毅有感情。我对毛泽东、周恩来、陈毅都有感情。我设计了那么多毛泽东的书，还设计过关于周恩来的书呢。

韩湛宁：您为周恩来总理设计了什么书啊？

吴寿松：《周恩来传略》英文版，1985 年。当时时间特别紧，根本完不成，但是我出于对周恩来的深情，接受了这个设计任务。我用一张周恩来的特写照片做封面，体现周恩来的平易近人和笑容可掬。我还在平装书里加了环衬，环衬用了 1976 年“天安门事件”中群众纪念总理敬献的花圈和挽幛的照片。书出来也是受到好评。

吴寿松手稿

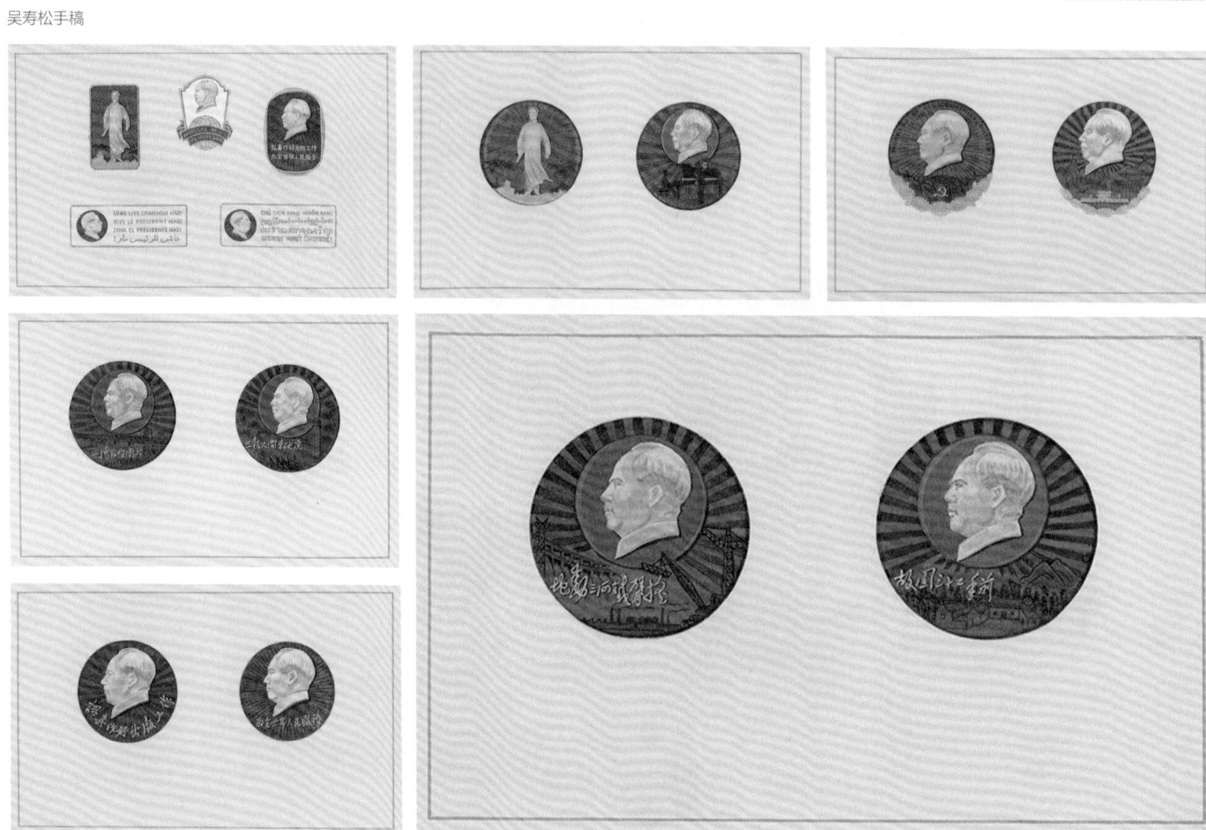

诗韵青山 >

韩湛宁：您退休以后的生活也是一如既往的丰富和忙碌啊？

吴寿松：退休后也很忙，我这个人就是这样。1990年退休，退休后被外文印刷厂和香港合资的“文达特种精装工艺有限公司”聘为艺术顾问，我和张慈中、郭振华3个人给他们做设计顾问，也做印装的设计工作。长达15年，我坐班。算上正式工作的38年，我从事装帧也半个多世纪了。

韩湛宁：半个多世纪了，真是不容易啊，真是如您的诗句“半生岁月真拼命，万种书刊尽画皮”，您退休后担任人大代表工作？

吴寿松：人大代表是以前。那是1980-1986年，在出版社时期。担任的是北京西城区的第七八届人大代表。主要是为老百姓做点事情，我是热心人。

韩湛宁：那退休后呢？主要是做什么？诗词吗？

吴寿松：我退休以后一直很忙，主要是从事诗词活动。其间一个转折是在1994年，北京市文化宫办了一个诗词培训班，我去学习。当时有叶嘉莹、张中行、林从龙、周汝昌等好多名家教授讲诗词。尽管我从20世纪50年代就开始写诗，但是到那时才明白更多更深。结业的时候，我被邀请参加北京青年诗社，把我聘请成青年诗社顾问，就和他们一起，参加了很多活动，也帮助他们出版诗集啊什么的，出了好多本。

在青年诗社一干就是十几年，时间就套进去了。后来又有一个老先生研究诗钟，1996年北大中文系搞了个“中国俗文学学会诗钟委员会”，我又被邀请进去，后来又办了《燕山钟韵》刊物，我担任主编。刊物发行到全国和国外去，一直办到2008年。2004年还加入华夏文化促进会下面的《鸿雪诗刊》工作过一段。

我算是吃饱了撑的，我自己作诗，参加诗词活动，又给我耗了十几年。后来又去办这个《青山在》，我们外文局的内部刊物，一期一期的，就是我们退休以后的老同志大家写。冯亦代、黄宗英、阎百真都有文章。

韩湛宁：您真是精力充沛啊。后来您把自己的诗词和文章整理了出来，自己自费出版《独草集——吴寿松诗词选》《往事钩沉录》。

吴寿松：《独草集》和《往事钩沉录》是2010年出的。《往事钩沉录》有谈我装帧设计的，有回忆的，几十篇；《独草集》是我写的诗词，哈哈，没有几首好的。

30

31

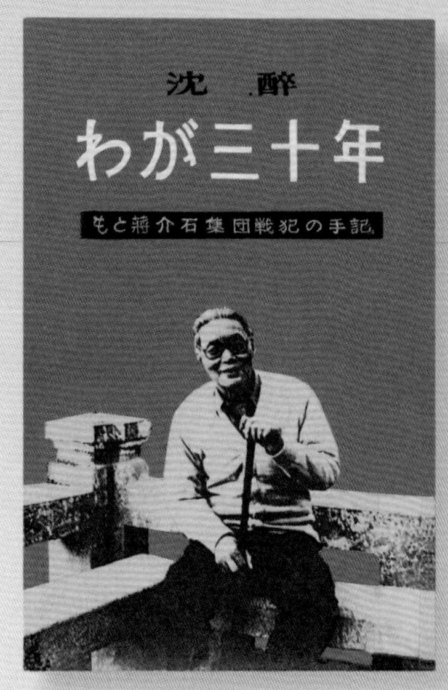

32

33

30.《美国的历程》设计手稿

31.《美国人看中国》设计手稿

32.《我的三十年》设计手稿

33.《三国演义》设计手稿

34.《Soy Sauce and Prawns》设计手稿

35.《童话诗情集》设计手稿

36.《读者文摘集粹》设计手稿

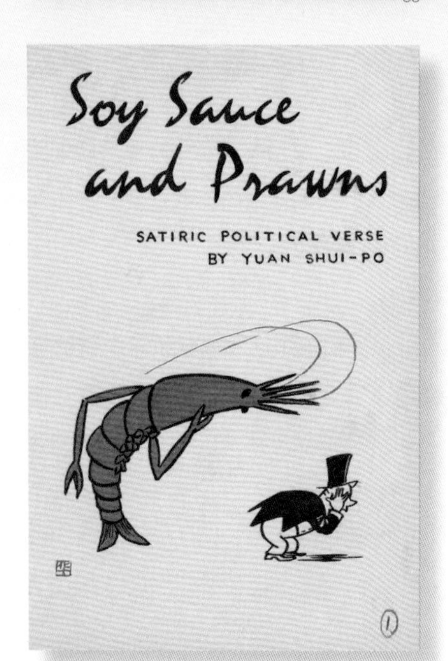

34

35

韩湛宁：退休后还这么多创作，还做了这么多事情。您真是不减当年啊。

吴寿松：你看我退休二十几年，还挺忙。我几乎没有发傻在这待着，或者坐在门口看汽车的时候。楼下就有好几个老同志，有一个老头原来还是解放军团长，还打过大仗，现在天天坐在门口看汽车，走路也走不动。我不要那样的生活。

韩湛宁：实际上这样多好啊。创作的人就应该是这个样子，您给我们树立了多好的榜样啊。

36

装帧情谊 >

韩湛宁：您和很多文化界艺术界的名人，如赵朴初、启功、冯亦代、程十发、戴敦邦，甚至还有装帧界的曹辛之、邱陵、任意、张守义、张慈中等，都有说不完的故事，可以聊聊吗？我看过您写过关于他们的诗词。

吴寿松：多了，一下子想不起来。对，我们谁都记得张守义是啤酒不离口。我以前说张守义，开头说的“啤酒不离口，秃笔不离手”，他老爱画画。下面两句“狂歌如作画，人比猢狲瘦”，人跟猴子一样瘦。曹辛之我也有写过。

曹辛之最逗了，我说个故事吧。我退休的时候给自己写了三副挽联。曹辛之一读，说吴寿松你写挽联写得真好，你帮我写一副吧。逗不逗？

韩湛宁：太逗了。您也太逗了，敢给自己写挽联，您是怎样给自己写的呢？

吴寿松：我退休的时候就想，早晚我得走，我赶紧自己先写好。第一副是：“勘破三春梦，赤条条来去无牵挂；飘零一缕魂，坦荡荡沉浮自逍遥。”第二副是：“党未入、官未做、财未发，庸庸碌碌，死后无需歌功颂德，品不高、业

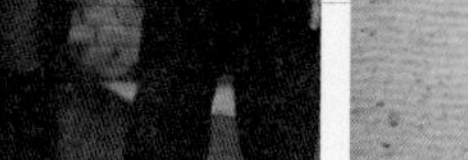

左起依次为沈云瑞、吴寿松、柳成荫、刘玉琦、崇文、叶然、温泉源、姜棵、钱月华、张灵芝、仇德虎

1986 年吴寿松、曹辛之、邱陵游张家界留影

不精、貌不扬，晃晃悠悠，生前有幸苟且偷安。”第三副是：“直奔地府，应判官邀请，阎王共宴，笑谈世上忠奸善恶；拜别人间，望亲友节哀，故友忘怀，休论生前功过是非。”我写的这三副挽联，曹辛之看了说你也给我写吧，我说你夫人在厨房，我敢给你写吗？结果不幸的是，没过多久，曹辛之就去世了。

韩湛宁：那他去世了您给他写了吧？

吴寿松：写了。曹辛之我真给写了，曹辛之地下有知，他也会笑的，说吴寿松还真给我写了。我写了两副，其中一副是：“德高望重，独创丹青典范，长遗书之美；画意诗情，遄飞翰墨缥缃，难忘蜜最初。”

韩湛宁：这个挽联非常中肯啊，“蜜最初”您是指曹辛之的《最初的蜜》，指他的诗歌成就，他是九叶派的代表诗人之一，《最初的蜜》设计得很美。您把他的书籍装帧、诗书画等都写到了。那邱陵老师呢？

吴寿松：邱陵老师对我可是非常好的，我也给他写挽联。之前给他写了一首诗“创著装帧史，千峰拥一丘。滋荣桃李树，恬淡自悠悠。”邱陵老师人特正派，他不突出个人，他对什么事都特意恬淡对待。他主要是教书，我写了他是怎么栽培、创著装帧史，他自己很满意。

韩湛宁：任意老师您也写了吧？

吴寿松：“任意非随意，纵情法度中。源头腾雪浪，胸臆海天空。”

第三届全国书籍装帧艺术展览留影

韩湛宁：任意不任意啊。

吴寿松：他纵情法度中，他都有法度的，他是有艺术规律的，他的东西创作都有源泉的，胸臆海空阔，海阔天空地想。

韩湛宁：丁聪呢？他和您也是同事吧？

吴寿松：丁聪就在我楼上。原来我们都在四楼住。丁聪原在人民画报社，后来合到外文出版社，等于我们是一个单位。但是丁聪又被划成右派，调到美术馆去。丁聪的夫人沈峻后来跟我是一个编辑部的，跟我是同乡，他们一家人跟我都特别熟。最逗的一次是第四届人大政协开会，上海文艺界那些电影明星都来北京住在友谊宾馆，有一次丁聪请客，结果他家搁不下，都在我家吃饭，那时候张瑞芳他们都来了，张瑞芳还抱我的小女玩儿，觉得挺好玩儿的，现在都过世了。

他2009年去世，我给他写挽联："姓名惬意谦称小，天下谁人不识丁。"他走了。

韩湛宁：他们都是中国书籍设计界和艺术界的重要人物，影响了无数的人。

吴寿松：可惜，都走了。还真快，邱陵走了，曹辛之走了，张守义也走了。我现在就觉得我们这老一辈的慢慢都走了，看见你们现在搞得真棒，我挺高兴的，尽管我跟不上这个时代。

韩湛宁：我们跟您这一代比，差得太远了。

吴寿松：我们老觉得我们这一拨人都是残渣余孽了。

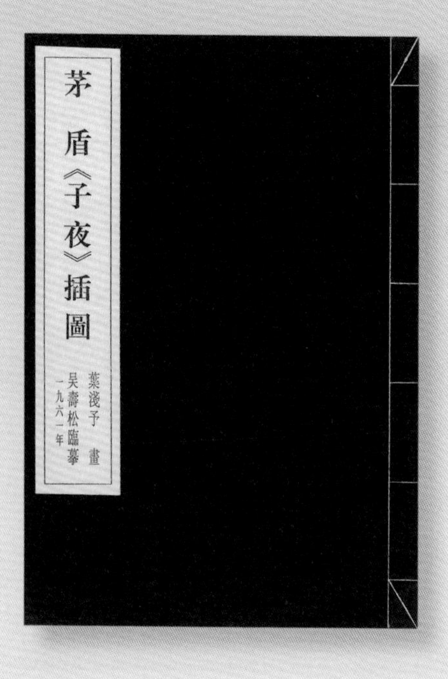

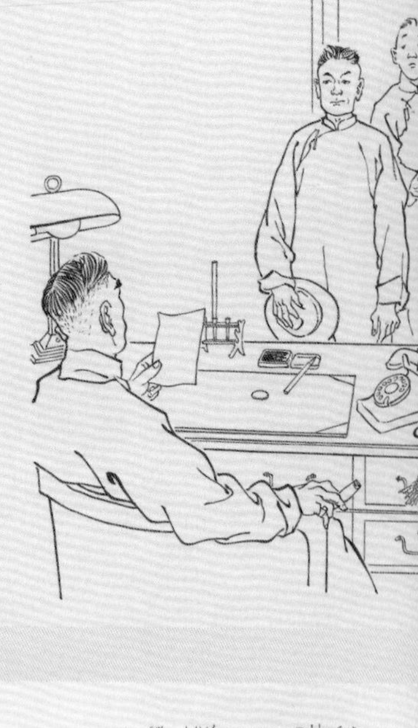

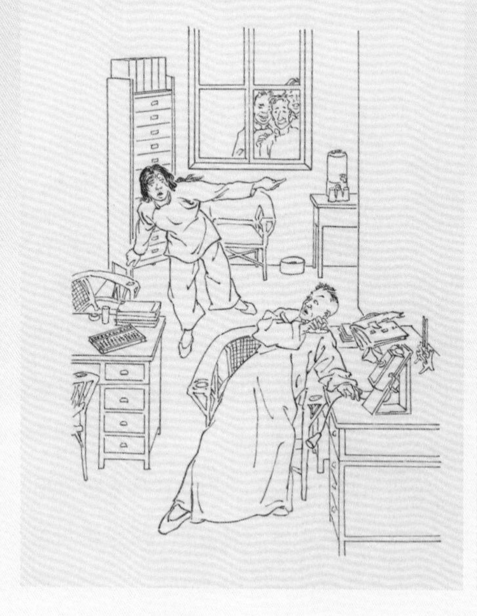

茅盾《子夜》插图　叶浅予画

吴寿松临摹　1961 年

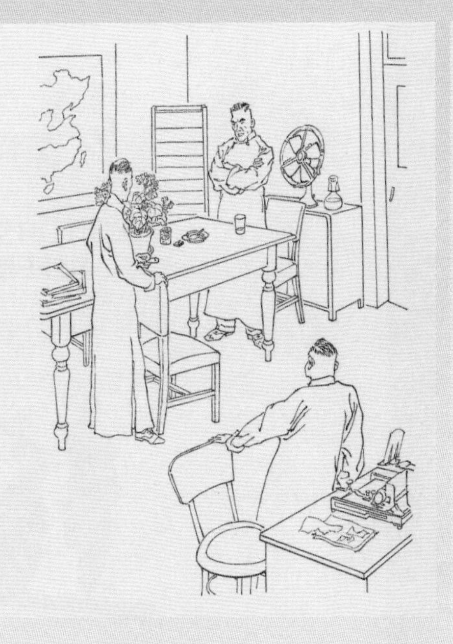

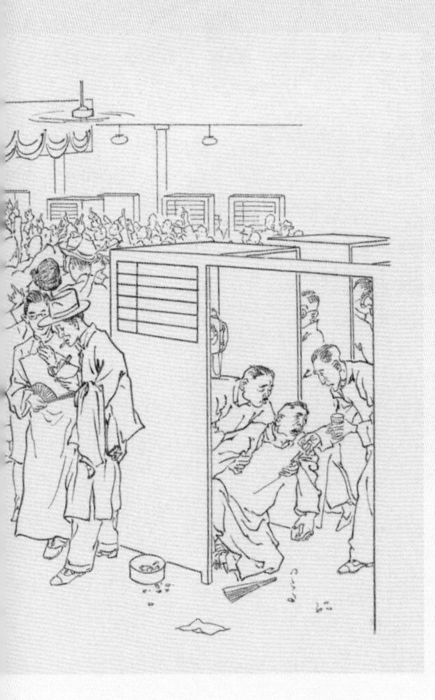

37

38

37.《中国宝石和玉石》设计手稿
38.《编译参考》设计手稿

中国气质 >

韩湛宁：吴老师，谈谈您的设计思想吧，设计了这么多优秀的书籍，背后一定有很多思想和观念。

吴寿松：我也没有什么设计思想，只是有一些心得吧，还有一些经验。

第一，要熟悉书籍的内容和了解读者，了解书籍的思想。书的内容必须读，还要读懂，这个非常重要。我都是要好好读的，比如《儒林外史》《红楼梦》，之前都读过，要设计的时候，又去读，还请教专家。要了解读者，我设计的书，大部分是外文版的书，读者不一样，都是外文读者。他们的阅读习惯是什么，他们怎么了解我们的书，我如何让他们更加了解这些中国的书，中国的文化。所以要从读者角度思考。

第二，要整体设计，心中有整体的观念。和作者、编辑、插图画家等要紧密联系。我设计的好多书都是我策划和编辑，这样我的心中是整体的。不是我编辑策划的，我也要好好熟悉，和编辑、插图画家商量，从编辑的角度想问题。设计者要为书设计的不仅仅是封面，而要整体，从书函、包封、书壳、内页、插图、印刷工艺等去全面考虑。

第三，我设计要有中国艺术的气质，尽管我设计的是对外的，但是越是对外的东西越要有我们民族的风格和气质。所以要多学习和了解我们国家的文化和艺术特色。

另外，我特别强调多读书，增加自己的修养，读书多，就眼界开阔，思想可以沉淀。这样，理解和表现就不一样。多交朋友，交比你文化艺术水平高的朋友，向他们学习。学习没有尽头，我现在还在学习啊。

韩湛宁：太好了，您的这些设计观念和经验心得值得梳理和传播，和你的作品一样都是留给后人的宝贵财富。

吴寿松：留给后人吧，后人认不认识我，这都无所谓。但是这些书留下了，就值得，很多人看我设计的书，我就高兴，心里满足。我设计的很多书都是送给国际友人的，能传播我们的友谊和文化，代表咱们国家的，这比什么都高兴。这样的设计工作比你赚钱、比给你什么荣誉都更重要。

韩湛宁：对，书籍是一个国家的文化艺术等的体现，甚至是外交和政治的体现，有很多方面的影响。

吴寿松：我就觉得有时候出版工作很重要，比我画什么漫画发表有意义多了。而且很有意义，这些意义都超过你人生的。

韩湛宁：谢谢吴老师，谢谢几次以来您的辛苦，给我们讲述这么多您的精彩有趣的历程故事和多彩的设计艺术生涯，给我们介绍这么多宝贵的经验和精彩作品。

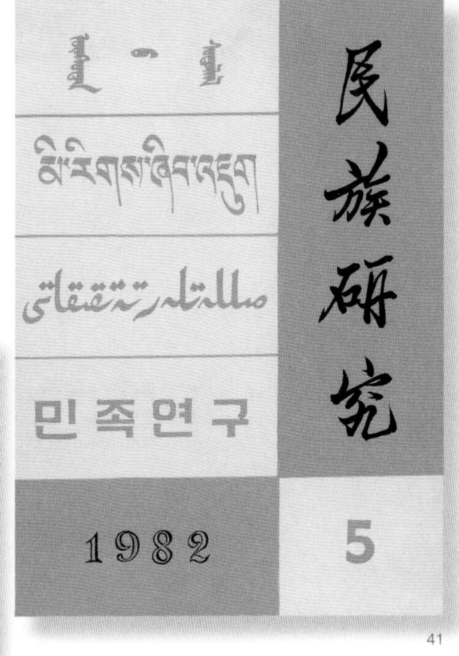

41

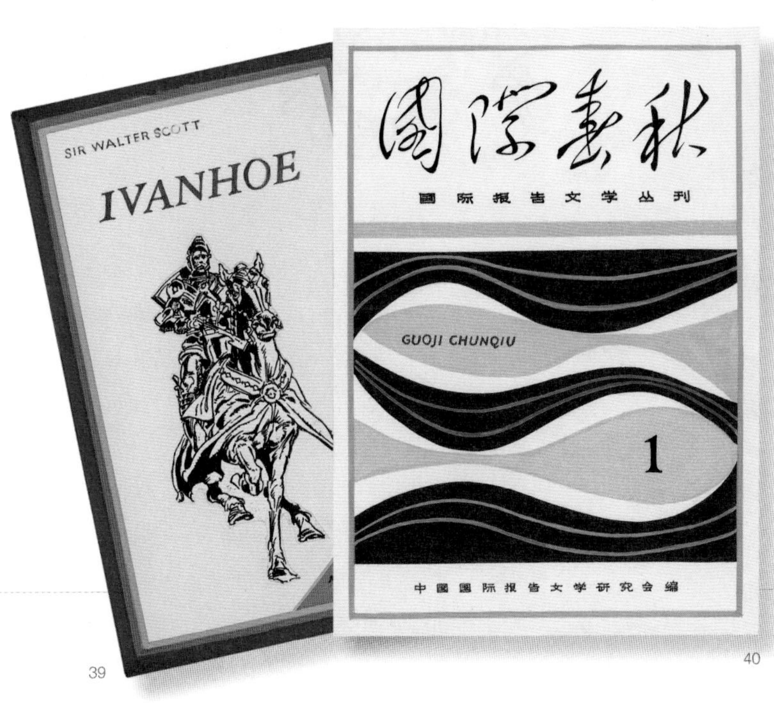

39

40

39.《民族研究》设计手稿
40.《国际春秋》设计手稿
41.《IVANHOE》设计手稿

评鉴与解读

编辑设计的魅力，设计人不躲在“责任”的背后
——读汉声新书《大闸蟹》

阎　闵

今天按时令上餐桌的食材所剩无几，入秋的大闸蟹还可算上一种。丰子恺曾追忆童年秋夜自己仿效着父亲的样子赏月嗜蟹，多年后，亦为人父却已茹素的他创作《护生画集》，其中有一幅“生的扶持”，丰子恺所绘的蟹流露着对人心灵的善护之情，上有李叔同题字：“一蟹失足，二蟹扶持。物知慈悲，人何不如？”

汉声新作《大闸蟹》的函套上便有这样三只蟹，UV印刷的蟹形穿越青、红两色，若隐若现。强烈的对比不得不令我联想到蟹在水塘中与餐盘中给人的两种色彩感受。单纯、互补的色调经瓦楞纸材质天然调和，仿佛土地包容的万物微尘在吐故纳新。《汉声》几十年来把握着乡土但不俗腻的设计风格，由此书可见一斑。

《生的扶持》丰子恺绘，李叔同题字

掀开函套，全书分四册独立装订。8只蝴蝶钉被两条鲜红的棉绳牢牢绑住，仿佛8只“蟹腿”载着汉声编者的思绪悄悄溜回到稻田水塘一般。全书首册《认识大闸蟹》关注蟹的本体：开篇12页手绘结构图及照片特写拉页，一下子把瘦长的16开画册拓展为横向开幅，读者从容跟随编者的指引，逐一了解蟹的上下内外与一生经历；篇尾一部“蜕壳记”剧情可谓跌宕起伏，一如自然界中每一则细小的故事常常不像表面看上去那么简单。既是总策划又是设计者的黄永松先生深知这一点，为探秘螃蟹蜕壳过程，他安排3位助手全程跟踪、记录，其严谨程度堪比一次科学

《大闸蟹》函套设计

试验。这部分的版式设计非常大胆，文字与黄色的稿纸错位叠放、照片自由倾斜，令人仿佛看到观察者深夜里目不转睛地做着即时笔录。文字在网格中艰难爬行，讲述每一只蟹所受的生死考验。不论是出于本能或是受自然界影响，任何失败都不能阻挡幸存者蜕变，进而获得新生的历程。蟹公成功那一刻，3 位年轻人也完成了一次小小的人生蜕变吧。不知他们 3 人是否也参与了本书的设计工作，如果有，我想他们一定也会全情投入，甚至会就版面的构成、照片的甄选等问题与编辑争论；设计人不躲在“责任”的背后，而是与著书团队并肩去解决困难，也许这正是编辑设计的魅力所在。设计家黄永松先生曾谈到策划这一部书的目的：“蟹文化是有品格的文化，而非今日昂贵奢华的价格文化。所以，要做一个明白的吃蟹人，才能成为一个负责任的食客。”汉声团队身体力行，历时 3 年探访大闸蟹生长全程，直至编辑出版，真是负责任的编辑设计者。

中间两册是读来轻松有趣的《大闸蟹食谱》。从绑蟹、吃蟹到做蟹，汉声运用“风物志”设计手法，将采录的多种体例文本与图像经营得游刃有余。当空白空间被极限压缩，

大闸蟹结构与生长周期插图拉页

封面订口设计

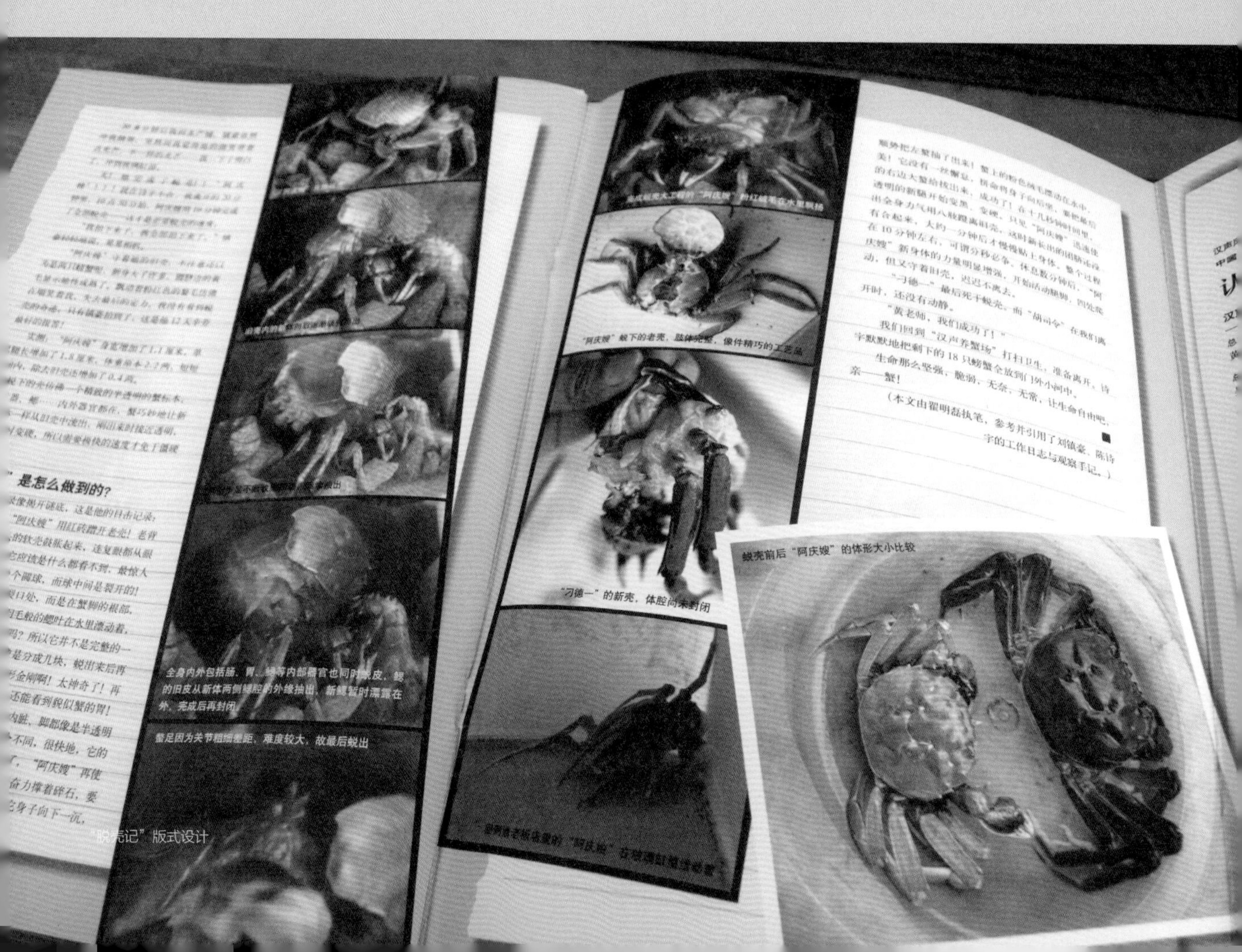

"脱壳记"版式设计

美食制作说明

《文史大闸蟹》版面中的批注设计

色彩成为区分信息层次的唯一主导时，设计元素隐藏在图像背后。黑体、宋体、仿宋、楷体、中圆体等超过 5 种以上不同字体合理搭配运用，给人亲切的阅读感受，让人回想到磨砺手艺的年代。这种“亲切感”正是汉声的深心：“汉声风物志与百姓日用相关，一部书的出版可让各地年轻人去调查家乡风物。”

末一册《文史大闸蟹》分为“史话”和“文艺”两部分。前者深度剖析了蟹文化，后者则从“汉声”的视角出发，对话培育、销售和餐饮界的专业人士，解答大众对于蟹的生态、养殖等疑问。编者、设计者结束了田野采访，回到书桌前，凭借多年采集民间视觉信息的经验，重新审视近年来人与“蟹”的进退得失。读者不仅可以知晓“闸蟹”两字的缘起，还可了解到螃蟹在中国文化中是一个矛盾符号的集合体。“横行介士”可启示武将引兵进退，“无肠公子”却牵出文人“无藏则于物无伤”的百感交集；“蟹”字借“解”取脱壳之意，躁动横行被视作战争凶兆，可披着“铠甲”与莲花相伴却又“连升一甲”成为年画中人们期许美好未来的主题；乐师仿“蟹行郭索”手势拨弹佳曲，画家借“蟹爪”灵动品评笔法优劣……每一种对比都映照在不同地域、不同时期乃至不同文化领域交会的节点之上。由于内容的差异，《文史大闸蟹》与前三册在设计上也有所区分，单黑油墨印刷和巨大的版式变化都使观察者到思考者的转换显得顺理成章。本册文献部分横排文字以“横行”的方式重构竖排传统书籍版式，天头被置于书口，每两行文字置于一栏。采访部分三两栏交替，铅笔与记号笔在长篇文本中圈点、勾画，使读者有了停歇的机会。封三中清代《事类统编》等原版文献一一罗列，闪烁的光影中，编著者从浩瀚的文献中提取批注，将口述记录凝练成书。在编后记长长的感谢名单中，也可体会到编著设计此书之辛苦。

黄永松先生为此书倾注心力，是在研究蟹，亦是在咏叹生灵之美。最后还是要引用先生对本书的话作为结束：

“大闸蟹一生在江海间经历 20 次彻底的脱胎换骨，又形成一套严密而灵活的保护系统，让人感叹造物之精巧，物种之美，值得仿生学好好学习，应当向它“致敬”；但随着今日河川水利的变迁，大闸蟹自然洄游路线阻断，完全通过路上人工运输完成生长，又让人担忧生态之虑，应当向它“致歉”。

老子《道德经》第 29 章说：“……万物归焉而不只主……”又说，“……执大象天下往……”

我们实践着古圣先贤的教诲，到各地方去整理风物，万物归焉。使地方人士有信心，爱惜它，我们不必做主。汉声编辑增长经验，再往他地继续努力，可以执大象天下往。”

美丽“书”世界

——威尔士黑镇 (Hay-on-Wye) 漫游散记

小 羊

位于英国威尔士中部，布雷肯山国家公园最北端的Hay-on-Wye是一座以书闻名的小镇，如同这里长年流淌的河水一般，其“书镇”的历史在经历了半个多世纪的洗礼后，仍然保持“世界二手书集散地”的地位坚固不可动摇。很早以前便听说关于Hay-on-Wye的传闻，那时我听到的是中文翻译后的名字——黑镇，听来黑色诡异，很难与书联系在一起，然而当有一天我真正来到这里才豁然开朗，或许“黑”仅仅是源自其英文名称“Hay”的发音吧。

今天的黑镇并非从创始之初就因书而生，以书闻名。这里原本也是一派自然风光，人们以农田耕作、畜牧放养为生，Hay-on-Wye中的“Hay”来自诺曼语中的“Hay”或“Haie”，大抵是围栏、圈用地的意思，而其中的“Wye”则来自小镇以北一条名为Wye的河流。小河日夜流淌，世世代代滋养一方水土。直到今天，当地人仍习惯称这里为“The Hay”。

从伦敦起程近3个小时的火车抵达赫里福德郡（Hereford），再转乘汽车大约半小时一路辗转来到黑镇。正式进入小镇之前需经过一座河上小桥，好似

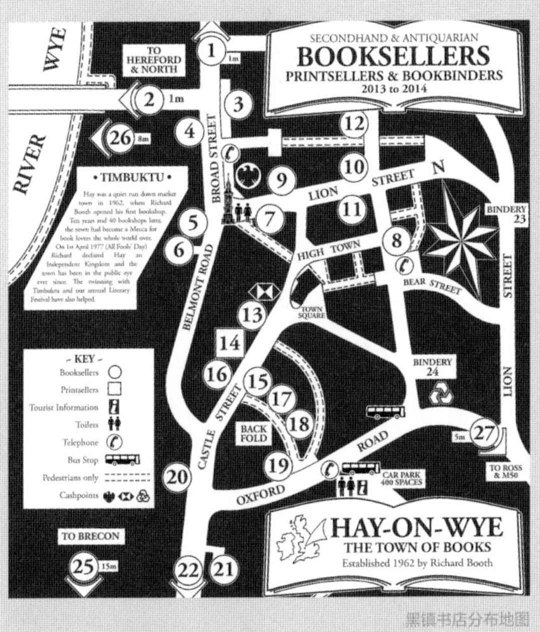
SECONDHAND & ANTIQUARIAN
BOOKSELLERS
PRINTSELLERS & BOOKBINDERS
2013 to 2014
RIVER WYE
TO HEREFORD & NORTH
1m
8m
15m
5m
BROAD STREET
LION STREET
HIGH TOWN
BEAR STREET
BELMONT ROAD
CASTLE STREET
OXFORD ROAD
LION STREET
TOWN SQUARE
BACK FOLD
BINDERY 23
BINDERY 24
N
CAR PARK 400 SPACES
TO ROSS & M50
TO BRECON
• TIMBUKTU •
Hay was a quiet run down market town in 1962, when Richard Booth opened his first bookshop. Ten years and 40 bookshops later, the town had become a Mecca for book lovers the whole world over. On 1st April 1977 (All Fools' Day) Richard declared Hay an Independent Kingdom and the town has been in the public eye ever since. The twinning with Timbuktu and our annual Literary Festival have also helped.
- KEY -
Booksellers
Printsellers
Tourist Information
Toilets
Telephone
Bus Stop
Pedestrians only
Cashpoints
HAY-ON-WYE
THE TOWN OF BOOKS
Established 1962 by Richard Booth

黑镇书店分布地图

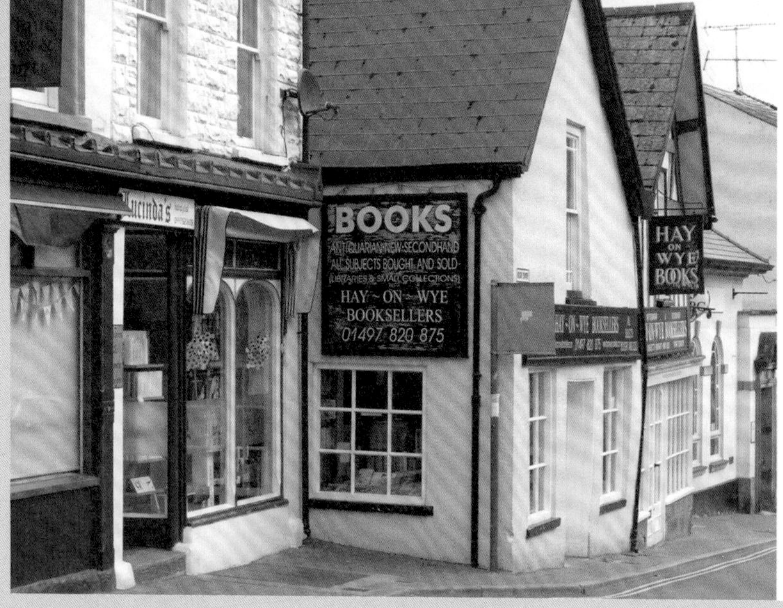

黑镇旧书店外貌：一英磅书摊

接受生命的洗礼一般，从此便进入由书册堆砌而成的美丽新世界，一切喧嚣繁杂统统抛之脑后。抵达黑镇时正值初秋的下午，暖暖的阳光照进小镇，一层浅浅的金黄色铺洒着小镇的钟楼表面，覆盖着古老的街道和白墙黑顶的小楼，街道虽窄到仅仅允许两辆车缓慢通过，但路过的行人完全不用担心，人们都会以一种平静的心态放慢脚步。因为来到这里便进入了安静祥和的新世界，无须高效快速的生活、繁杂琐碎的信息，只要慢慢享受品读就好。

黑镇最古老的建筑城堡始建于公元 12 世纪，后来遭遇数次大火又几经易主，直到 1971 年理查德·布斯（Richard Booth）买下古堡，整修一番，令其改头换面。自 20 世纪六七十年代（1962 年），理查德·布斯在这里创立第一家书店开始，慢慢的在他的感召和影响下书店逐渐增多，以古堡为中心的“书镇”由此形成，小镇中一条名为 Castle Street（城堡街）的街道也于此得名。1977 年愚人节之际，理查德自立为“王”，并颁发一整套护照和徽章以示其“书之国王”的地位。如今，昔日的“黑镇之王”理查德已是一位年逾古稀中风偏瘫的老人，他几乎从不出门，但关于他的有趣故事以及对黑镇的影响仍然会被在这里的每一位书店店主、访客所津津乐道。而“黑镇之王”的昔日辉煌也可从由他亲手创立，至今到访者仍络绎不绝 Richard Booth World’s Largest Secondhand Bookshop（理查德·布斯世界最大二手书店）的繁华景象中瞥见。鲁宾斯坦曾经说过：“评价一座城市，要看它拥有多少书店。”在这个不到 1300 人的小镇上，二手书店竟有近 30 家（如今还在经营的一共有 27 家）之多。它们以形似大树主干和分枝般的排列方式散落在镇上的每一条高高低低，起起伏伏的巷道之中。无论是从主街或任何一条分枝开始，寻着书册的气息行走都能时刻为各种书店驻足停留。有专门出售老旧古本书籍的书店；有专司各种类别、时期图表的书店；有店面以可爱颜色装饰的专攻儿童读物的书店；有专门贩售侦探类小说的书店；有以电影为主题的书店，贩书的同时也经营着小小的影院；甚至有包含宗教、艺术、历史、政治及地理等学科的综合书店。有的书店以小见大，店面看似狭小实而精巧，内里空间不大但楼上楼下分布合理，藏书丰富，甚至连楼梯两侧都有书册堆积摆放；有的书店则以规模庞大闻名，藏书册数之多，年代之久远甚至可以用“图书馆”来形容。有的干脆自助卖书，摆上几个巨大的铁柜，按类别依次摆放书籍，价格以 1 镑或 2 镑标注清晰，选到心仪的自己到投币箱按价投币即可；有的经营书店的同时也设有小小咖啡店，看累了、乏了坐下喝杯英式下午茶整个人都舒服了。有的书店精于一门学科或一种类别读物（如精于侦探小说的书

古书店外的标语：
"黑镇王国禁止电子书"
"请在任何时候买一本书"

店和科普读物的书店）贩售，尽可能地将与所售主题有关的书籍囊括其中，而店面设计也贴合书店主题；还有的则可称得上是书店中的"杂家"，书籍类别应有尽有，且一一制作标签分类，规矩摆放，等待爱书之人有缘识得。不管走进哪一家书店都各有特点，绝不重复雷同，任何类型的"书虫"几乎都能在这里寻到心爱之物，实在过瘾。更令人惊讶的是，在这里不仅可以找到近当代的平常读物，甚至连十六七世纪的古典读本也能一一寻到。而现代、新潮的读物也并不会因为其缺少历史感而被排斥于好书之列。

在当今电子读物盛行，书店潦倒经营的情势下，纸上阅读世界的落寞似乎并没有给黑镇书店的经营带来太多负面影响。小镇里除了依然经营着的多家书店外至今仍有两家以书籍装帧、修护旧书为主业的店面。其中一位店主来自曼彻斯特，学习书籍装帧后定居在此，专门为本镇的书店修复旧书以及为家族修补古老族谱。同时，店主也是当地一本小有名气的诗刊的主编，征稿、编辑、设计、排版工作集于一身。世界各地的爱书人怀着对书籍世界的好奇和美好愿望来到这里，而这里的人们也在不断地将古老传统的书籍文化通过简简单单的一册册书本传递到世界各地。小镇似乎并不像人们想象的交通不便，网络信号不畅或是信息闭塞、顽固守旧。相反地，这里交通便利，网络顺畅，这里的人亲切友好，善于沟通，并以开放的态度接纳来自世界各地的文化，他们是在以一种有温度的方式号召、感化世人，这种方式并不慷慨激昂，热情澎湃，但有如涓涓细流，将对书的热爱缓缓流淌而出。有意思的是有些书店也会在店门外贴出"Kindles are banned from the Kingdom of Hay"的标语，号召并期望人们能减少电子阅读，多多触摸纸张，用心体会纸质书本的美好，这大概是"既来之，则安之"的善意提醒吧。想必每个来到这里的人都会忽略网络带给我们的短暂"美好与便捷"而更愿意平静地享受书籍之美，这对于生活在喧嚣城市中的人们来说显得无比珍贵，而对于在这里的人们来说则稀松平常，令人无比羡慕。

我想黑镇对于每一个爱书、爱书店的人来说就是共同的美丽"心"世界吧。当人们一路颠簸，穿越文明的都市，退去繁杂浮华之后来到这片"心"世界时，感受到的一定不仅仅是一本简单的小书置于掌中的重量，而是完完整整的去触摸一本书，就像触摸整个黑镇的历史，现在，以及书和书店的未来。

黑镇专业装帧师

侦探、惊悚类小说书店（书店外马路上画有摹拟谋杀案现场）

美的阅读，从图书馆开始

张笑艳

2013 年 9 月 17 日，是一个值得纪念的日子。因为，国内一场独特的书籍经典与研究展隆重开幕，且张慈中、曹洁、范一辛、黄永松、宁成春、速泰熙、吕敬人这 7 位中国著名的书籍设计家的作品罕见会聚莞城图书馆，论年龄分属 20 后、30 后、40 后的前辈，最大 90 岁，最小也 60 多岁了。其中 5 位为此次活动聚首东莞，共论书艺。 这份厚爱，让作为主办方的我们一方面深感荣幸；另一方面也受到极大鼓舞：几年来做的“书籍之美”项目，必须坚持。

“书籍之美”是莞城图书馆从不同视角与内涵去发掘书籍之美的自创阅读品牌活动，除展览形式外，更融合了大师论坛、设计家开放日等专业或普及互动的活动形式，推动阅读与文化交流，为读者推出精品优质的阅读服务。在踏入“书籍之美”活动第三个年头，便是带来重磅：一个关于新中国书籍艺术经典发展过程的“脉·流”展。

中国书籍设计艺术的发展离不开老一辈书籍艺术家的成果积累。本次“脉·流”展是国内首个沿着从装帧到书籍设计发展的线索，总结并归纳了新中国书籍艺术发展轨迹的一次探索。“脉·流”展分为“1949 年以来具有影响力的中国书籍设计家七人展”及“韩湛宁‘从装帧到书籍设计的嬗变’研究展”两个部分。设计家七人展展示了 49 年以来的代表作品，200 余件展品不乏一些传世孤本，及渐被今人所遗忘，却又具有里程碑意义的重要杰作，如《毛泽东选集》《苏加诺藏画集》等。

著名设计师韩湛宁的研究展则呈现了他多年来对新中国书籍设计史中的人与事进行了大量的采访、整理、分析、研究的成果，他完成的长达 2 米的实验性书籍——《嬗变》，更是将本次参展的 7 位设计家的设计经历进行数据化统计，以立体的装置书籍形态，勾勒出中国书籍艺术的脉络，形象地展现了“嬗变”过程。在历时两个月的展期里，观众可以通过清晰的图表分析、珍贵的采访图文、影像等资料，结合展品，追根溯源、从点到线，体悟到每一位书籍设计家，每一件书籍设计作品中所透露出来的“传承的精神”，再一次见证艺术与阅读之间的重要关系。

参展的 7 位设计家中有 5 位亲临开幕现场并给读者带来精彩讲座，更让我们感动万分：这到场的 5 位设计家中，89 岁高龄的张慈中老师为书籍设计奋斗超过半个世纪，全身心地将他的生命投入在中国书籍设计

艺术，至今也不曾放弃他的理想与追求，因为是“传承”的使命感，不远千里、不辞辛苦地来到东莞参加活动，这一种精神，这一份对艺术的热爱与追求，让我们肃然起敬。5位设计家的魅力也吸引到东莞本地及来自佛山、珠海、广州、深圳、香港等高校、媒体及艺术机构组队前来参与活动。馆内艺术氛围和阅读气氛特别浓郁。

每一年的“书籍之美”年度阅读盛典都让东莞这座城市沸腾起来。不仅仅因为“设计之美”让人惊艳，更是因为“设计之美”背后，让读者“觅到好书”，让人兴奋。作为“书籍之美”活动的执行者，每每细赏展览，聆听大师真言，看到参与活动读者的满足表情，我内心总有一种说不出的欣慰与激动。的确，3年下来，我看到了“书籍设计”对图书馆、对一座城市的改变：“最美的书”过去在广东省内仅仅在展览馆、书店进行展示，随着莞城图书馆率先把“最美的书”搬进图书馆内展示并举办高端书籍设计论坛，图书馆与书籍设计概念成功结合的新颖阅读推广形式，让越来越多的省内外的图书馆先后引进尝试。我们也很欣喜地发现，越来越多的书籍设计师被邀请到各大图书馆、大学等公共教育场所进行公开演讲…… 越来越多的读者越来越对“书籍设计”有所认知，他们对阅读的要求变得更加“挑剔”，我们认为，这是读者审美的提升表现，是书籍设计概念推广的成效，而更多看不见的，是这几年下来，书籍设计类书籍的翻阅量、借阅量激增，书籍设计艺术作品所带来的这些正面的、直接的“阅读推广”影响，对图书馆而言，是大受鼓舞。 图书馆该如何极好地引领阅读潮流？书有大美，于斯为盛。东莞，是可以真正成为一个书香社会。

阅读与设计看似两个毫无关联的领域，却因为书籍这个载体而有了一个完美的结合。当读者翻开一本书开始阅读，同时，也就展开了阅读整个设计的过程。尽管随着电子科技物的兴起，电子图书馆、网上图书馆甚至手机图书馆的时代可能会来临，但作为一名图书馆人，我从不担心纸质阅读到了末路。从第一份“电子书”1945 在美国问世以来，传统图书就频繁被宣判死亡，可今天，即使在科学技术最发达的美国，纸张的消耗量依然比以往都多，连比尔·盖茨也声称自己更喜欢在印有文字的纸张上阅读：“电脑上的阅读依然远远比不上在纸上的阅读，即使是我——拥有最先进的设备、热衷引领网络生活方式，但遇到超过 4 ~ 5 页的材

1. 张慈中先生

2. 宁城春先生

3. 速泰熙先生

4. 黄永松先生

5. 吕敬人先生

6. 韩湛宁先生

料，也会将它们打印出来。我喜欢随身携带材料，并在上面批注。”各种高科技电子阅读物设计得再吸引再立体化，也不可能给读者带来纸质阅读的“五感体验”。

“书籍之美”概念不只是这个时代的产物，只是在这个普遍缺少阅读，甚至有点缺乏精神食粮时代，我们需要更加放大“设计”的效用，以引起读者对书籍内涵的关注。莞城图书馆策划的“书籍之美”活动，第一年仅仅展示“世界最美的书”，到第二年邀请国际著名插画师到专业院校授课，从展览到专业教育的转变，再到今年举办专业研究展，是“书籍之美”品牌的进一步提升，相信“书籍之美”不仅仅是莞城图书馆的一个传统项目，也会受到更多爱书人、读书人的关注。

在明亮简洁的展场中，绝版红色经典名作《中华人民共和国宪法》《红旗》，首次为中国赢得莱比锡国际书籍设计金奖的《苏加诺藏画集》《建国50周年》的大型画册经典，反映民间工艺智慧的《蜡染》、东西合璧的《雕塑的诗性》、会聚五千年文化的国礼书《中国记忆》……这些反映出从装帧到书籍设计概念发展印迹的设计作品，虽静静地摆放在莞城图书馆，却激起人们对书籍艺术越来越浓的兴趣和感动。

传承，在这个秋天，在所有知道和看过这个展览的人心中开始生根、发芽。我们期待，它的嬗变，在书籍设计艺术的推进之下，纸质书籍不仅仅让纸质阅读焕发第二个、第三个春天，书，还让这个民族越来越强大，越来越智慧。

7

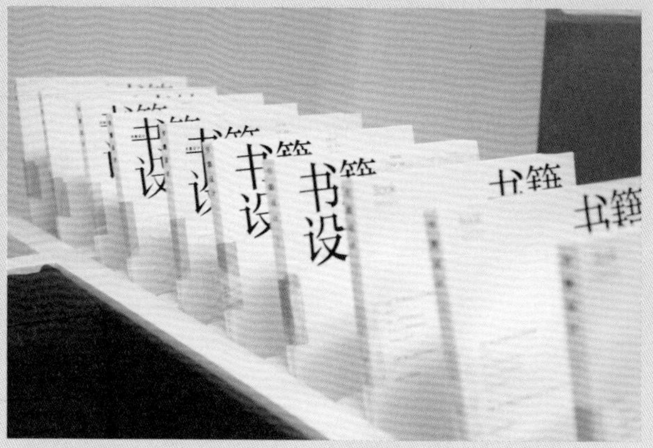

8

9

10

11

12

7.《列宁全集》/ 张慈中

8.《书籍设计》/ 艺委会编

9.《大不列颠百科全书》/ 张慈中

10.《法古录》/ 宁成春

11.《剪花娘子库淑兰》/ 黄永松

12.《汉声》/ 黄永松

陈楠

刘晓翔

陈楠
上海人民出版社美术编辑
上海出版协会书籍设计艺术委员会会员

2003 年（1 种）、2005 年（2 种）、2007 年（2 种）、2008 年（1 种）、2011 年（1 种）获“中国最美的书”奖

第六届全国书籍设计艺术展艺术类银奖
第七届全国书籍设计艺术展多项最佳设计

初识陈楠是在盛夏季节，她给我的印象也像这季节一样，火热且透明，还有些絮絮叨叨。其实，得闻陈楠大名也并非一两年了，“最美的书”中早就有她作品的倩影，陈楠大概是“中国最美的书”评选 10 年来获奖次数最多的设计师之一。她的设计文静而清丽，和她爽朗多言的个性还是有一定反差的。常说“文如其人”，我则颇不以为然，或许，这就是朗朗乾坤万千物象之魅惑吧。

陈楠作品中所散发出的优雅气质倒是和女设计师完全吻合，静静的、恬淡的似乎没什么尘世间喧嚣的气氛，这正是她作品的独特之处和魅力所在。

1

《亲爱的宝宝》用温暖的色调勾勒出父亲对孩子的拳拳之心，“信函”的书籍形态更进一步将作者与读者相连接。打开“信函”手揉纸张的亲切质感和散落在纸张之中的些许落叶，恰如父亲给孩子的家书片段，虽在不经意间却是一种真情的流露，裸背装的彩色书脊与封面（手揉纸）、书函（“信函”）让读者产生色彩联想与情感升华。书籍的尺寸（开本）设定也与“信函”的形态完全吻合，拿着这样的一本富有五感的书籍所产生

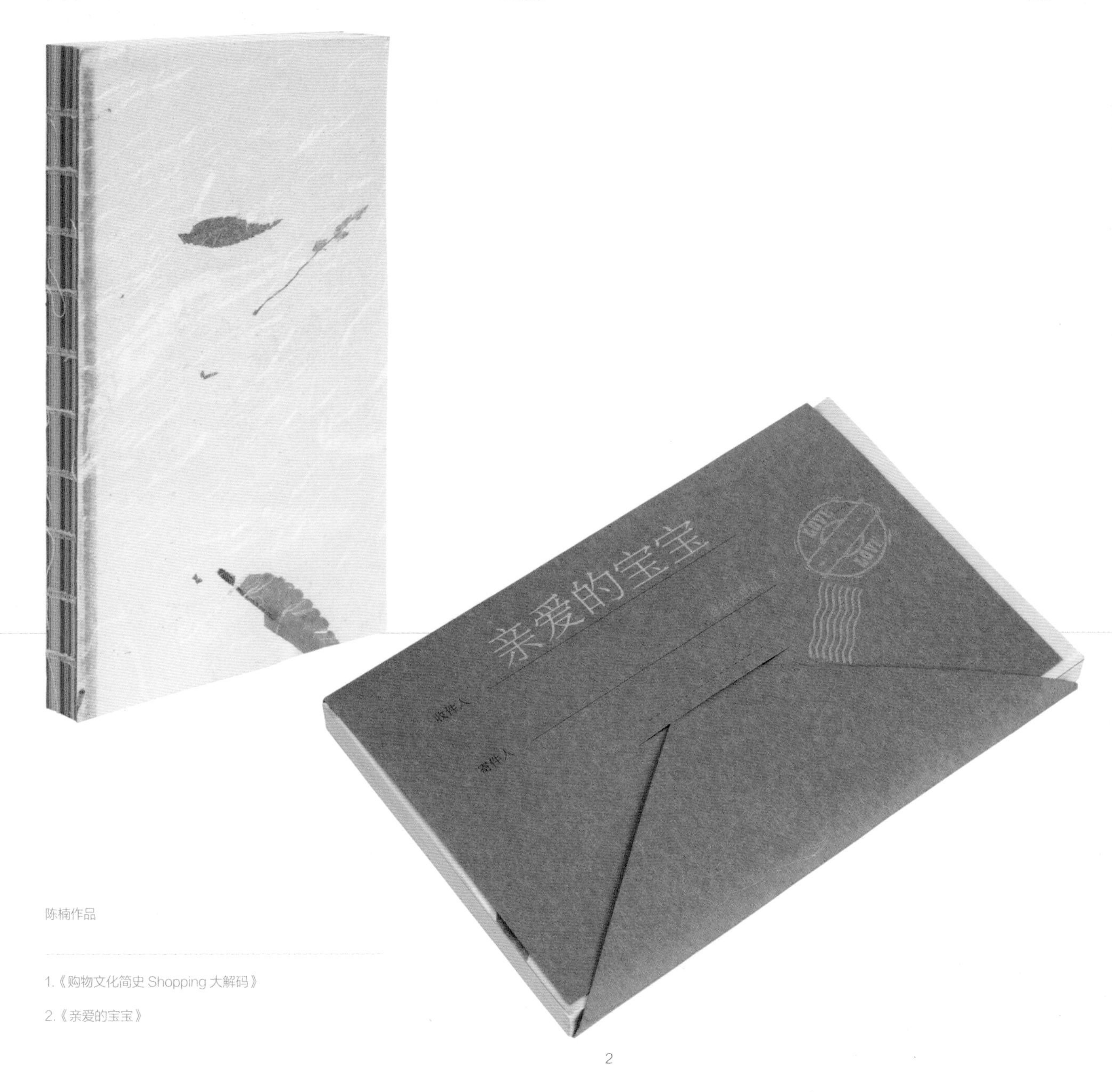

陈楠作品

1.《购物文化简史 Shopping 大解码》

2.《亲爱的宝宝》

的阅读欲望恐怕是电子阅读器无论如何也做不到的吧。

《革命胜景图册》这种“革命”题材通常很难设计，其一是题材所限设计师很难发挥创意，其二“革命”给人的印象往往很粗暴，如毛泽东云：“革命不是请客吃饭，不是做文章，不是绘画绣花，不能那样雅致，那样从容不迫，文质彬彬，那样温良恭俭让。革命是暴动，是一个阶级推翻一个阶级的暴烈的行动。”所以，“革命”题材的设计是最难把握的。而陈楠设计的《革命胜景图册》颠覆了我对于这类书籍所形成的固有印象。“胜景”像天上的星辰一样散落在书函上，一条条虚线把一个个“胜景”连接在一起带领读者一路走下去。虽然还是红色的意向，但这红色无论如何也和“暴烈”扯不上边，反倒因了这红色为“胜景”平添出些许妩媚，让我们一时忘却了那“激情燃烧”的岁月。

其实，对于陈楠的书籍设计也无须我再多说什么，无论是读者还是书籍设计师都能从她的设计作品中读到她对于书籍这种文明承载物的理解：书籍设计绝不是为书籍作嫁衣而是运用编辑设计的方法论建构文字与图片等信息的大厦，让读者温暖地阅读，《亲爱的宝宝》《革命胜景图册》《心世界 · 天堂的声音》《心世界 · 看见心灵的角落》《外星童话》，这些书籍设计作品鲜明地呈现出这样的特点。

相对于书籍设计的最新理念，我们的设计还有很长、很坎坷的路要走，书籍设计的理性之美正如逻辑带给我们的力与美一样，完全接受它对于我们这样一个饱经蹂躏与践踏的民族来说，既是起点也是新生，而起点与新生之前必然是阵痛。

3

陈楠作品

3.《革命胜景图册》

4.《外星童话》

5.《心世界 · 天堂的声音》《心世界 · 看见心灵的角落》

4

心世界
All that matters
〔美〕杰恩·葛斯坦 著
Jan Goldstein
张玲茵译
天堂的声音
上海人民出版社
心世界
I close my eyes and see
〔英〕桃乐丝·路易斯 著
Dorothy Lewis
常云惠 常云凤 译
看见心灵的角落
上海人民出版社
看见心灵的角落
天堂的声音

5

脉·流：
1949年以来具有影响力的书籍设计家七人展
2013·9·17至11·17
地点：莞城图书馆

作为东莞唯一的以“文史、艺术及古籍收藏”为特色的专业图书馆，莞城图书馆年度阅读活动“书籍之美2013”如期在今秋9月17日与广大群众见面。“书籍之美2013”大举怀旧旗帜，以“传承的精神”为年度话题，举办“脉·流”展，在9月17日至11月17日期间同时展出“1949年以来具有影响力的中国书籍设计家七人展”及“韩湛宁‘从装帧到书籍设计的嬗变’研究展”，200余件经典设计作品见证了新中国书籍设计的崛起与发展，清晰丰富的研究展结合展品展现了这段历史的嬗变与传承，东莞的读者可以抢先，在这个国内首次展出的专业研究展中系统地、全面地了解书籍设计在过去半个世纪的辉煌历程，从中认识更多书籍设计史上做出杰出贡献的老一辈书籍设计师，更可以透过书籍内容重温民国至今的书籍设计发展史，再一次见证艺术与阅读推广的完美结合。

“旋——杉浦康平的设计世界”展览 / 成都
2013·9·14至2013·10·27
地点：五牛艺术工学研究院美术馆

吕敬人先生把20多年来珍藏的杉浦康平作品拿出来与观众共享，其中绝大部分是先生亲手所赠。尽管这些展品仅仅是杉浦艺术之山的一角，但基本能领受先生一生探寻他独特的设计语言和设计哲学的艺术轨迹。书籍期刊中不乏革命性、实验性的经典之作，海报设计更有各个时期最具代表性的名品。相信每一位观者通过观赏此展，都会得到艺术观念的启示和文化心灵的感悟。

杉浦康平先生指出：万事万物都有主语，森罗万象如过江之鲫，是一个喧闹的世界。一个事物与另一个事物彼此重叠层累，盘根错节，互为纽结，连成一个网。它们每一个都有主语，经过轮回转生达到与其他事物的和谐共生，即共通的精神蕴含。我想这大概就是万千世界周而复始的“旋”的概念吧。学习杉浦先生的设计理念，并不只是学得一种设计手法，而是关注事物的动态变化，求取观察自然、人类、社会的方法，汲取多主语的宇宙世界之经验，释放自身智慧的思维方法和圆满自我的途径。这也许就是杉浦先生维系久远艺术生命的根本所在。

“韩流”——韩国海报及书籍设计艺术展

2013年9月6日至10月6日
地点：北京雅昌艺术馆

一个国家的强大，文化的力量不可忽视，即软实力的体现。韩国政府这几十年来，认同设计即生产力，亦是文化核心价值体现的观念，国家为此专门设立了设计振兴指导委员会的政府部门，推动韩国包括书籍设计、海报设计在内的各种设计产业。

在以郑丙圭、安尚秀、许基欣为代表的当代韩国书籍设计家们的努力下，韩国书籍设计艺术的进步让世界刮目相看。优秀的中青年设计家崔曼秀、宋成载、洪东源、李娜美、康允成、金炯均、朴金俊、李世英、闵津基、金勇哲、金银喜、安智美，崭露头角的年轻的设计组合 work room，还有前卫书籍设计家金永娜、Sulki Min 设计组合打破常规的设计，一大批插图画家，如朴光秀、朴正烷、权欣娥，创作大量优秀的儿童绘本令人目不暇接。本次展览虽不能涵盖韩国所有书籍设计家，但当今主要的名家翘楚的作品均有展示，中国的观众可一览韩流书籍设计的精彩风貌。

第二届“坡州出版奖”（PAJU BOOK AWARD）
2013 · 9 · 30 在韩国坡州颁发

以书和出版交流沟通，共建开放的亚洲。

亚洲出版文化在世界出版界中所占的地位日益提高。通过亚洲出版人创造的书文化，亚洲的精神与思想与世界联系，在世界文明史上也具有全新的地位。今天我们出版人不断创造书文化，正因为如此，亚洲古老文明与优美文化传统的价值重新得到高度评价，成为世界的智慧和理智的重要资源。因此，我们要重新认识亚洲出版人思想和实践的重要性。从这个观点出发，韩国、中国内地、中国台湾、中国香港、日本的出版人共同策划“PAJU BOOK AWARD”（坡州出版奖），表扬为亚洲出版文化发展做出贡献的出版人、作者、美术设计家的功绩，进一步加强亚洲出版文化的国际合作。

亚洲出版人联手展开的 PAJU BOOK AWARD 宣示亚洲书籍文化的精神和思想。出版奖的宗旨在于实现以书沟通的亚洲、以书为一体的和平亚洲。PAJU BOOK AWARD 委员会本部设于韩国坡州出版城市，每年秋季在此举行的“坡州书之鼓声”（PAJU BOOKSORI）图书节期间，同时举行 PAJU BOOK AWARD 颁奖典礼。PAJU BOOK AWARD 将进一步提高亚洲出版的力量与质量，为亚洲出版文化的联合做出贡献，并期待发展成为符合亚洲出版文化水平的出版文化奖。

PAJU BOOK AWARD以人文社科类图书为主要授奖对象，由著作奖（Writing Award）、策划奖（Planning Award）、出版美术奖（Book Design Award）、特别奖（Special Award）四个奖项组成，向充分反映以亚洲作为定位的亚洲地区的书籍、作者、美术设计家授奖，特别奖向长期以来为亚洲出版文化的发展和振兴而做出贡献的出版社和出版人授奖，也包括在推动读书运动方面有所贡献的个人和团体。每项的获奖者为一名，从 2012 年开始，每年进行一次评奖及举办颁奖典礼。

组织机构 PAJU BOOK AWARD 委员会由代表委员、审查委员、推荐委员组成。代表委员由韩国、中国、日本的三位知名出版人——金彦镐先生、董秀玉女士、大冢信一先生出任；审查委员和推荐委员包括韩国、中国内地、中国台湾、中国香港、日本的多名出版人、学者、书评人等。目前以东亚地区的出版人士为主，今后其规模将扩大到全亚洲地区，建立一个所有亚洲出版人共同参与的平台。

PAJU BOOK AWARD 向获奖者授予奖座和奖金。每年一度的颁奖典礼邀请韩国以及亚洲地区的出版人、文化人共同参加，颁奖典礼期间并同时举办获奖者特别演讲会。

本届“坡州出版奖”日本学者和田春树《日俄战争》获得本届著作奖，韩国 Kim Moon-sik、Park Jeong-hye、Sim Jae-woo 获得策划奖，中国内地书籍设计师刘晓翔获出版美术奖（Book Design），韩国书文化基金会承办的“公民阅读行动”·获得特别奖。